WAIGUANSHE JI
HULIANWANG **JIANSUO**
SHIWU

外观设计
互联网检索实务

主编／白光清　　　副主编／王晓峰　张璞

知识产权出版社
全国百佳图书出版单位

图书在版编目（CIP）数据

外观设计互联网检索实务/白光清主编. —北京：知识产权出版社，2017.8

ISBN 978－7－5130－5049－4

Ⅰ.①外… Ⅱ.①白… Ⅲ.①外观设计—专利文献—互联网络—情报检索 Ⅳ.①G306.4 ②G354.4

中国版本图书馆 CIP 数据核字（2017）第 183067 号

责任编辑：段红梅　石陇辉　　　　　　责任校对：王　岩

封面设计：刘　伟　　　　　　　　　　责任出版：刘译文

外观设计互联网检索实务

主　编　白光清

副主编　王晓峰　张　璞

出版发行：知识产权出版社 有限责任公司	网　　址：http：//www.ipph.cn
社　　址：北京市海淀区气象路 50 号院	邮　　箱：100081
责编电话：010－82000860 转 8119	责编邮箱：duanhongmei@cnipr.com
发行电话：010－82000860 转 8101/8102	发行传真：010－82000893/82005070/82000270
印　　刷：北京科信印刷有限公司	经　　销：各大网上书店、新华书店及相关专业书店
开　　本：787mm×1092mm　1/16	印　　张：19.75
版　　次：2017 年 8 月第 1 版	印　　次：2017 年 8 月第 1 次印刷
字　　数：330 千字	定　　价：58.00 元

ISBN 978-7-5130-5049-4

编　委　会

主　编：白光清

副主编：王晓峰　张　璞

编　委：白光清　王晓峰　张　璞

　　　　雷　怡　路　莉　杜　娜　蔺乙超

前　言

工业设计是对工业产品基于工学、美学、经济学等多维度的综合设计，最终体现为产品外观的状态和样式。工业设计处于制造业中最具增值潜力的环节，是企业增强核心竞争力、促进产业结构升级的重要抓手。近年来，我国频繁出台了多项产业政策用来促进和引导产业转型升级。2014年2月，国务院发布《国务院关于推进文化创意和设计服务与相关产业融合发展的若干意见》，是我国首次将设计行业发展上升到国家层面。2015年5月，国务院印发的《中国制造2025》中也明确提出了"提高创新设计能力""强化知识产权运用"等相关产业的发展要求。工业设计创新逐步成为促进我国经济发展方式转变、助推"中国制造"走向"中国创造"的重要手段。在保护和激励经济社会发展的知识产权制度中，外观设计专利制度是有力保护和促进工业设计产业发展的重要环节。企业在如何更好通过外观设计制度保护设计创新方面也普遍提出了迫切的需求。

当前我国外观设计专利采用初步审查制度，初步审查程序主要限于审查是否属于保护客体、形式缺陷以及其他明显的实质性缺陷，一般不会对外观设计是否满足《中华人民共和国专利法》第二十三条规定的授权标准进行实质检索。换句话说，初审制度下的外观设计专利权处于较不稳定的状态，随时有可能被提起无效处于失效状态。因此，社会公众如何查找相关证据就成为非常重要的问题。

由于外观设计表现直观、易被模仿的特性，外观设计侵权案件在知识产权侵权案件中所占比例居高不下，并且近年来呈明显的上升趋势。在面临侵权诉讼案件时，针对外观设计专利如何查找相关证据，也成为摆在权利人和被诉侵权人面前的重要问题。

此外，在企业研发新产品时，避免重复开发、进行知识产权布局的必要专利规避等工作中，针对产品外观的检索也成为必不可少的过程。

由此可见，外观设计检索工作已成为专利审查以及相关社会公众为获得外观设计更好保护的重要组成部分和关键环节，是今后外观设计专利保护制度发展和完善的核心内容。

当前我国外观设计检索仍处于发展阶段，市面上专利数据库大多数是基于发明和实用新型专利，无论是检索入口设计还是文献数据的完善性方面，都缺少直接针对外观设计专利或非专利文献检索的数据库，尤其缺乏非专利文献数据库。所以，外观设计检索目前的现状是：可利用的检索资源零散、不集中，外观设计的针对性不强。另外，涉及外观设计检索的一些重要策略、工作流程、具体操作还不够明确、不够完善、不够系统，在一定程度上均影响了外观设计检索的效率。

本书正是从上述现实问题的角度出发，在互联网中可利用的现有资源条件的基础上，结合专利文献检索的宏观理论和多年外观设计检索实践，有针对性地从外观设计的检索特点和要点出发，力求构建一个更加全面、实用、高效的外观设计专利检索理论体系，形成一套科学、实用、便捷的外观设计专利互联网检索的方法，为相关从业人员或社会公众提供有价值的检索参考。本书确立的外观设计检索的核心体系如图0-0-1所示。

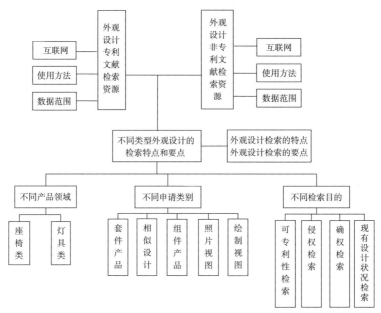

图0-0-1　外观设计专利检索体系示意图

注：由于篇幅有限，在不同产品领域部分本书有针对性地选取了椅子和灯具领域进行重点研究分析。

　　本书由国家知识产权局专利局专利审查协作北京中心白光清主任负责总体策划，由张璞、王晓峰负责全书的统稿工作。各部分章节的执笔人员如下。

　　张璞负责本书框架设计，主要执笔前言，第一部分第一、二章，第三部分第一章，第四部分第二章，第六部分第一章第一节，第六部分第四、五章，结语部分及附录D、E。

　　雷怡参与本书框架设计，主要执笔第二部分第一章第五节，第二部分第二章，第三部分第二章，第三部分第三章第一节，第四部分第三、四章，第五部分第三章，第六部分第一章第三节，第六部分第二章，附录B、H。

　　路莉参与本书框架设计，主要执笔第二部分第一章第二、三、七、八节，第三部分第三章第二节，第五部分第一章，第六部分第一章第二节，第六部分第三章，附录F、G。

　　杜娜主要执笔第二部分第一章第六节，第五部分第二章，附录C、I、J。

　　蔺乙超主要执笔第二部分第一章第一、四节，第四部分第一章，附录A。

　　虽然本书的编写团队在外观设计审查、企业知识产权服务等领域奋战多年，积累了比较深厚的理论基础及丰富的外观设计检索实务经验，但是受到学识、精力、互联网检索资源不断发展调整等多方面局限，书中难免存在考虑不周或不当之处，欢迎广大读者批评指正。

目　录

第一部分

概　　述

第一章　外观设计与发明、
实用新型专利检索特点的比较

第一节　申请形式的比较

　　《中华人民共和国专利法》（以下简称《专利法》）规定，发明创造包括发明、实用新型和外观设计三种类型。按照专利申请的规范要求，发明、实用新型和外观设计申请专利均必须递交相关申请文件，三种专利需要递交的申请文件类型如表 1 - 1 - 1 所示。

表 1 - 1 - 1　外观设计与发明、实用新型专利申请文件比较

异同点	发明	实用新型	外观设计
相同点	请求书	请求书	请求书
不同点	权利要求书	权利要求书	外观设计图片或照片
不同点	说明书及附图	说明书及附图	简要说明

　　从表 1 - 1 - 1 中可以看出，除了都要求提交请求书以外，外观设计和另外两种专利申请文件具有显著区别。《专利法》第五十九条规定："发明或者实用新型专利权的保护范围以其权利要求的内容为准，说明书及附图可以用于解释权利要求的内容。外观设计专利权的保护范围以表示在图片或者照片中的该产品的外观设计为准，简要说明可以用于解释图片或者照片所表示的该产品的外观设计。"❶ 可见，发明和实用新型申请文件的核心文件是权利要求书，而外观设计的核心申请文件是外观设计图片或照片。同时，发明和实用新型目前采用的分类体系是 CPC 分类体系，而外观设计采用的分类体系是国际外观设计专利分类（洛迦诺分类）体系。

---

❶　中华人民共和国国家知识产权局. 专利法（修正版）［M］. 北京：知识产权出版社，2008.

上述区别决定了外观设计申请或者专利在作为被检索对象时和发明/实用新型存在较大差异。

第二节　专利检索的不同点

根据申请文件组成的特点，外观设计与其他两种类型的申请或者专利主要存在下述两点区别。

不同点一：发明/实用新型主要是通过文字检索，得到的检索结果基本为文字描述的技术方案，属于"文字检文字"，比较直接明了；而外观设计目前的检索中，大多数现有检索资源都是通过文字检索，得到的检索结果为图片表示的设计方案，属于"文字检图片"，比较抽象间接。

不同点二：发明/实用新型的说明书中包含有引证文件等现有技术的说明，以及详细的创新点解释，而外观设计的简要说明中，没有现有设计的引证文件或现有设计的说明，设计要点的描述通常宏观概括或主观认识，大多数情况不利于提取检索要素。

第三节　外观设计专利检索的难点

从实质内容来看，包含发明、实用新型和外观设计三种专利数据的专利数据库，无论从检索入口的设置，还是检索结果的显示，都更贴近发明/实用新型专利的特点，更有利于发明/实用新型专利检索的实施，而外观设计专利的检索仅是附带提供，略显不便。

互联网网站信息的检索，关键词检索占有的比重很高，以图搜图等直接利用图片检索图片的相关网站也是近年来才逐渐发展起来的，因此，目前互联网资源的检索也更有利于发明和实用新型这两种专利申请形式。

发明/实用新型专利文献的检索体系建设的起步时间早，检索资源建设相对比较成熟，相关的研究也已经体系化，比较成熟。而外观设计专利检索的检索资源建设相对匮乏，相关研究也缺乏系统性。

综上所述，外观设计检索的难点主要表现在资源有限、检索策略缺少系统性这两个突出问题上。

第二章　外观设计专利侵权的特点

第一节　外观设计专利侵权概述

《专利法》第五十九条第二款规定："外观设计专利权的保护范围以表示在图片或者照片中的该产品的外观设计为准，简要说明可以用于解释图片或者照片所表示的该产品的外观设计。"其中产品是外观设计保护的基础性条件，基于保护范围表达的形式和外观设计产品类别的限制，外观设计和发明、实用新型具有很大的区别，因此，外观设计专利侵权和发明、实用新型专利侵权的判断相比较也有很大的不同。

专利侵权判断中，外观设计的判断主要是将侵权产品本身或其图片与外观设计专利的图片或照片中表达的形状、图案和色彩要素设计进行比较，判断两者是否构成相同或相似。判断相同或相似的前提条件是，侵权产品和被比专利属于相同或相近种类的产品。产品是否属于相同或相近种类的判断，应当参考产品的名称、国际外观设计分类以及产品销售时货架分类的位置。基于上述判断，如果属于相同或相近种类产品的设计则侵权成立；如果不属于，则不构成侵犯专利权。

司法实践中，除了《专利法》和《专利法实施细则》中对外观设计的相关规定以外，最高人民法院为正确审理侵犯专利权纠纷案件，根据《专利法》《中华人民共和国民事诉讼法》等有关法律规定，结合审判实际，制定了相应的司法解释。目前正在使用的司法解释是2009年12月实施的《最高人民法院关于审理侵犯专利权纠纷案件应用法律若干问题的解释》（以下简称《司法解释》）和2016年4月实施的《最高人民法院关于审理侵犯专利权纠纷案件应用法律若干问题的解释（二）》（以下简称《司法解释（二）》）。两者涉及外观设计的相关规定如表1-2-1和表1-2-2所示。

表1-2-1 《司法解释》中涉及外观设计专利的相关规定

《司法解释》条款	内　　容
第八条	在与外观设计专利产品相同或者相近种类产品上，采用与授权外观设计相同或者近似的外观设计的，人民法院应当认定被诉侵权设计落入专利法第五十九条第二款规定的外观设计专利权的保护范围
第九条	人民法院应当根据外观设计产品的用途，认定产品种类是否相同或者相近。确定产品的用途，可以参考外观设计的简要说明、国际外观设计分类表、产品的功能以及产品销售、实际使用的情况等因素
第十条	人民法院应当以外观设计专利产品的一般消费者的知识水平和认知能力，判断外观设计是否相同或者近似
第十一条	人民法院认定外观设计是否相同或者近似时，应当根据授权外观设计、被诉侵权设计的设计特征，以外观设计的整体视觉效果进行综合判断；对于主要由技术功能决定的设计特征以及对整体视觉效果不产生影响的产品的材料、内部结构等特征，应当不予考虑。 下列情形，通常对外观设计的整体视觉效果更具有影响： （一）产品正常使用时容易被直接观察到的部位相对于其他部位； （二）授权外观设计区别于现有设计的设计特征相对于授权外观设计的其他设计特征。 被诉侵权设计与授权外观设计在整体视觉效果上无差异的，人民法院应当认定两者相同；在整体视觉效果上无实质性差异的，应当认定两者近似
第十二条	将侵犯发明或者实用新型专利权的产品作为零部件，制造另一产品的，人民法院应当认定属于专利法第十一条规定的使用行为；销售该另一产品的，人民法院应当认定属于专利法第十一条规定的销售行为

表1-2-2 《司法解释（二）》中涉及外观设计专利的相关规定

《司法解释（二）》条款	内　　容
第十四条	人民法院在认定一般消费者对于外观设计所具有的知识水平和认知能力时，一般应当考虑被诉侵权行为发生时授权外观设计所属相同或者相近种类产品的设计空间。设计空间较大的，人民法院可以认定一般消费者通常不容易注意到不同设计之间的较小区别；设计空间较小的，人民法院可以认定一般消费者通常更容易注意到不同设计之间的较小区别
第十五条	对于成套产品的外观设计专利，被诉侵权设计与其一项外观设计相同或者近似的，人民法院应当认定被诉侵权设计落入专利权的保护范围

《司法解释（二）》条款	内　　容
第十六条	对于组装关系唯一的组件产品的外观设计专利，被诉侵权设计与其组合状态下的外观设计相同或者近似的，人民法院应当认定被诉侵权设计落入专利权的保护范围。 对于各构件之间无组装关系或者组装关系不唯一的组件产品的外观设计专利，被诉侵权设计与其全部单个构件的外观设计均相同或者近似的，人民法院应当认定被诉侵权设计落入专利权的保护范围；被诉侵权设计缺少其单个构件的外观设计或者与之不相同也不近似的，人民法院应当认定被诉侵权设计未落入专利权的保护范围
第十七条	对于变化状态产品的外观设计专利，被诉侵权设计与变化状态图所示各种使用状态下的外观设计均相同或者近似的，人民法院应当认定被诉侵权设计落入专利权的保护范围；被诉侵权设计缺少其一种使用状态下的外观设计或者与之不相同也不近似的，人民法院应当认定被诉侵权设计未落入专利权的保护范围
第二十二条	对于被诉侵权人主张的现有技术抗辩或者现有设计抗辩，人民法院应当依照专利申请日时施行的专利法界定现有技术或者现有设计

第二节　外观设计专利侵权判定的主体

　　《司法解释》首次明确规定了外观设计侵权判断的主体为"一般消费者"。此外，在外观设计专利审查阶段，《专利审查指南》第四部分第五章中规定了"一般消费者"的定义，在判断外观设计是否符合《专利法》第二十三条第一款、第二款规定时，应当基于涉案专利产品的一般消费者的知识水平和认知能力进行评价。不同种类的产品具有不同的消费者群体。作为某种类外观设计产品的一般消费者应当具备下列特点：

　　（1）对涉案专利申请日之前相同种类或者相近种类产品的外观设计及其常用设计手法具有常识性的了解。例如，对于汽车，其一般消费者应当对市场上销售的汽车以及诸如大众媒体中常见的汽车广告中所披露的信息等有所了解。常用设计手法包括设计的转用、拼合、替换等类型。

　　（2）对外观设计产品之间在形状、图案以及色彩上的区别具有一定的分辨力，但不会注意到产品的形状、图案以及色彩的微小变化❶。

外观设计侵权判断时采用的"一般消费者"的判断主体，与外观设计审查的"一般消费者"一脉相承，即：虽然在名称上体现出的是消费者的概念，但其认知水平又是针对不同案件产品的领域变化的消费者。如果对一般消费者的站位认定不相同，最终的判断结果也将会有很大的差距，下面引用程永顺学者的观点❷，作为外观设计侵权判断主体如何确定和选择的参考。

例如：在"电线套管"外观设计专利侵权案中，专利界就曾有过不同看法。一种意见认为，这种电线套管一旦安装在房间中，住在这个房间中的主人可以直观地看见它，住在房间中的人就是有权评判这种外观设计和被控侵权物之间是否相同或者相近似的普通消费者。另一种意见认为，购买电线套管的人、装修房屋使用电线套管的安装人员，才能认定是这种产品的普通消费者。用这两种不同层次的普通消费者的眼光进行判断，得出的结论肯定是不同的。

普通消费者并非任何公民，而是就某一类商品而言的购买者或使用者。因为，只有购买商品的消费者或者使用商品的消费者，才需对该产品与同类其他产品的相同与相近似作出比较和判断。而作为某一类商品的观察者，能够看到该产品的人，并不一定是这类商品的消费者。也就是说，不同商品有不同的消费者，在进行判断时要根据个案的产品去划定其消费者群体。

第三节　外观设计专利侵权判定的标准

外观设计专利的侵权判定标准在业界一直存在争议，判断外观设计是否侵权有两个主要条件：首先，被控侵权产品与外观设计专利产品属于相同或相近种类的产品；其次，判断被控侵权的设计与获得专利的外观设计专利是否属于相同和相近似。司法实践中，属于相同的侵权案例比较少见，大多数都是被控侵权产品和设计与涉案专利多为相近似的情形，但是目前《专利法》和司法解释中一直未对如何判断是否属于"相近似"侵权的方法做出明确、

❶ 中华人民共和国国家知识产权局. 专利审查指南［M］. 北京：知识产权出版社. 2010：398.
❷ 程永顺. 浅议外观设计的侵权判定［J］. 知识产权，2004（3）：4－7.

具体的规定。目前我国主流的判定方式是"混淆标准"，但是在司法实践中随着产业的发展，体现出了不少的局限性。也有学者指出"混淆标准"实质上是对商标法理论的借用，消费者是否发生混淆，与外观设计是否应该得到保护，本质上并无必然的联系。因此，近年来"创新标准"也在司法实践中逐渐有所应用。下文中简要介绍两个标准❶，供相关人员参考。

一、混淆标准

混淆标准的主要观点认为：外观设计最根本的作用是用以区分其他不同设计的产品。在这种观点支配下，外观设计的技术含量不要求很高，其只要作出不同于以往设计的具有新颖点的设计就可获得外观设计保护制度的保护，外观设计在这里更多的是发挥区分此商品与其他商品的作用，也即发挥与商标基本相同的作用。外观设计保护制度最根本的目的是保护具有不同于以往设计的新颖点的设计。所以在侵权判断中，在采取混淆理论只要求外观设计具有新颖点的国家，专利产品与被控侵权产品相同或相近似的判断主体是产品的普通消费者。而判断标准也往往只是"整体观察"或"要部观察"等着重从物品表面来审察的方法，不深入到外观设计本身在设计方面的创新之处。

二、创新标准

创新标准的主要观点认为：外观设计是一种设计，和商标属于明显不相同的权利类型，外观设计和发明/实用新型专利相比，都是对产品本身作出的独创性劳动创造，外观设计是针对产品的设计方案作出的创新，因此，外观设计保护制度产生的根本原因是鼓励设计的创新。也因此，在授权审查中设计方案不仅要区别与现有设计的新颖点，而且创新应当是一般的设计工作者不能轻易创作出来的情形。基于对设计的创新性要求，无论是在授权审查还是在侵权判断中，其相同或相近似的判断，都要求判断人具有一定的专业技能，即通常所说的所属领域的普通技术人员。

创新标准虽然提出了以是否抄袭创新部分作为侵权的判断依据，但是却没有解决以下两个问题：一是当创新设计只有一处时，部分抄袭、模仿该创新设计是否构成侵权；二是当创新设计有多处时，抄袭其中一部分是否构成侵权。

---

❶ 温洪梅. 外观设计专利侵权判断标准研究［D］. 济南：山东大学，2008：13 – 15.

混淆标准与创新标准各自存在优势和不足，这两种标准并非互相排斥，宜在创新标准的基础上充分吸纳混淆标准，相互取长补短，这才是解决问题的有效之道。具体而言，两件外观进行比对时，第一步先明确授权外观设计的创新部分，第二步再进行整体视觉效果的比对。

如果创新部分全部相同或相似，则构成侵权；但如果创新部分在整体视觉效果中所占比例过于微小，在整体比较相同或相近似时构成侵权，在整体比较不相同或不相近似时则不构成侵权。

如果创新部分只有部分相同或相近似，要重点考察相同或相近似创新部分在创新部分中的比例和影响以及整个创新部分对于产品外观设计的意义，综合考虑后作出评判。如果创新部分完全不相同或不相近似时，则不构成侵权❶。

第四节 "现有设计"对侵权判断的影响

《专利法》第二十三条中规定的外观设计的授权条件中明确指出：外观设计应当不属于现有设计；与现有设计或者现有设计特征的组合相比，应当具有明显区别。上述授权条件中指出的"现有设计"是指申请日以前在国内外为公众所知的设计❷。是否属于现有设计的判断，除了时间、证据属性等客观因素的考量以外，还应当判断外观设计的设计内容是否构成现有设计或者现有设计的组合。而"不属于现有设计"是指在现有设计中，既没有与涉案专利相同的外观设计，也没有与涉案专利实质相同的外观设计。

我国现行《专利法》在外观设计的授权要件中使用了"现有设计"的概念，因此，现有设计对外观设计专利侵权判断也有着重要的影响。《司法解释》在第十一条中明确规定：授权外观设计区别于现有设计的设计特征相对于授权外观设计的其他设计特征通常对外观设计的整体视觉效果更具有影响。因此，在进行侵权比对时，应对涉案专利区别于现有设计的设计特征予以更多关注，重点考量涉案专利与现有设计的设计特征部位上的异同，从而认定是否相近似。

---

❶ 胡充寒. 外观设计专利侵权审判实务疑难问题探析 [J]. 知识产权，2012（6）：35－62.
❷ 中华人民共和国国家知识产权局. 专利法（修正版）[M]. 北京：知识产权出版社，2008.

当涉案专利与现有设计的区别仅在于局部细微差异或在使用过程中不容易看到或者看不到的部位设计时，即外观设计专利权人所作设计仅在于局部细微的设计变化或者使用过程中不容易看到的部位设计变化，其保护范围就应当缩小为由这些设计所产生的视觉效果变化，那么，在被控侵权产品的这些部位设计与之不相同也不相近似时，不应当认定为侵权。当涉案专利与某一现有设计区别后重新确定的设计要点有几个部位的设计特征，而被控侵权产品与涉案专利在其中某一部分的设计特征上相同或者相近似，另一部分设计特征不相同也不相近似，即要通过判断这两部分设计特征对整体视觉效果的影响程度来判断是否相近似。如果上述另一部分设计特征是另一现有设计中的设计特征，那么在判断是否侵权过程中要弱化上述另一部分对整体视觉效果的影响程度。当然，如果判断被控侵权产品这一融合了两份现有设计中的设计特征以及涉案专利某些要点设计特征的产品在整体上具有独特的视觉效果，则不与涉案专利相近似。

此外，外观设计侵权判定是否相近似时，还应当考虑外观设计侵权发生时产品的设计空间大小，来确定设计特征差异的大小在设计创新中的作用和影响程度。针对这一点，《司法解释（二）》第十四条对设计空间的考量作出了明确规定，如表1-2-2所示。对于外观设计侵权判断中设计空间大小的考量，应当考虑产品侵权发生时现有设计的状况、该类产品的技术和功能、相关可能限制设计发挥的法律规定、人的思想观念以及设计考量的经济因素等综合情况，最终较为客观地确定产品设计空间的大小。

第二部分

外观设计专利文献资源

外观设计检索资源是进行外观设计检索的必备基础，全面了解现有的检索资源，对更好地展开外观设计的检索有着重要的意义。本书第二部分从外观设计专利文献和非专利文献检索资源两个角度出发，梳理整合外观设计相关的检索资源及其检索特点。

目前，外观设计检索可用的专利文献检索资源主要分为公共资源和商业资源两种类型。公共资源主要是指国内外知识产权相关部门搭建的官网检索平台，如我国的中国外观设计智能检索系统、中国专利公布和公告查询系统以及中国专利检索和分析系统，美国、日本、韩国、欧盟和世界知识产权组织（以下简称 WIPO）等国家或地区官网的外观设计检索平台。商业资源主要是指需要付费使用的商业数据库，如在外观设计数据方面相对完善的 Orbit 专利数据库，以及 Soopat 检索数据库、专利之星检索数据库等。

由于我国目前还没有专门针对外观设计建立的非专利文献数据库，因此，外观设计可用的非专利文献检索资源就比较零散，如各类型的搜索引擎、电商平台、设计素材库，以及其他各种类型的互联网资源，都可以作为外观设计非专利文献检索的资源加以利用。

此外，本书未提及的发明/实用新型文献检索的数据库或资源，由于该系统应用较为广泛普遍，关于发明/实用新型检索的相关研究也较成熟，其检索入口和检索结果显示更适用于发明/实用新型，但依据外观设计案件的不同情况，不同从业者根据需求也可作为补充检索资源。这部分内容本书中不重点介绍。

虽然大多数专利数据库中都收录了部分国外的外观设计专利数据，但是一般专利数据库的数据更新时间都有不同程度的滞后，对于生命周期短、更新换代快的外观设计专利申请来说，有针对性地选择国外官网的专利检索系统进行检索，是对专利数据库更新不及时的有效补充。同时，带有优先权申请的检索可选定相应国家专利数据库，也是有针对性地选择了检索资源。每个国家或地区的官方网站都有自己的专利检索系统，本书由于篇幅有限重点选取了外观设计制度发展比较发达的美国、日本、韩国、欧盟和 WIPO 的专利检索系统进行简单介绍，详细介绍以附件的形式附在在本书末尾。

第一章　国内外政府官网专利的检索系统

第一节　中国外观设计专利智能检索系统

目前，国家知识产权局外观设计专利检索主要使用的是"中国外观设计专利智能检索系统"，该系统主要针对专利审查部门的内部检索和数据分析使用，分为两个期次的版本，分别是二期和三期检索系统，同时国家知识产权局设置了与内网二期检索系统功能相同的外网的检索系统，系统名称也为"中国外观设计专利智能检索系统"（网址为：www.disc.gov.cn）。该系统并未对全部公众开放，已经有部分地方局通过向国家知识产权局提交使用请求，审批之后获得用户名和密码的方式获得使用权限。

国家知识产权战略实施以来，外观设计专利的各项制度都得到了长足的发展。为了促进地方外观设计相关产业的发展，自 2012 年以来国家知识产权局在多个产业集聚区设立了快速维权中心，截至目前，已经设置有 17 个快速维权中心。建立的快速维权中心可以和国家知识产权局内部的检索系统对接，可为申请人/权利人提供切实、高效的检索服务。

综上，本书选择介绍国家知识产权局内部网络和外部网络均可以使用的二期系统进行功能介绍和分析，下文统称"中国外观设计专利智能检索系统"（以下简称 D 系统）。该系统可以通过双屏显示，便于检索比对。

D 系统数据库的范围包括中国 1985 年 9 月 10 日以后的外观设计专利文献数据，日本、美国、韩国以及 WIPO 四个国家和组织 2000 年以后的外观设计专利或注册数据。中国的数据大概每周更新一次，国外的数据略有滞后，且更新频率较国内略慢。

一、系统简介

通过系统正确登录后，即显示检索系统主界面，界面分为左右两屏（如图 2-1-1 和图 2-1-2 所示），分别用于条件输入和结果展示。检索入口的系统分区和相应功能如表 2-1-1 所示。

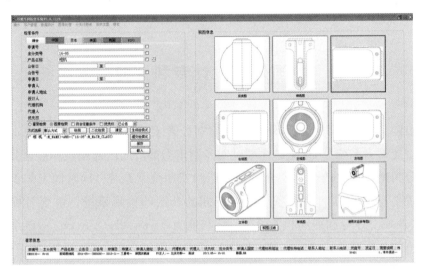

图 2-1-1　检索条件输入界面（左屏）

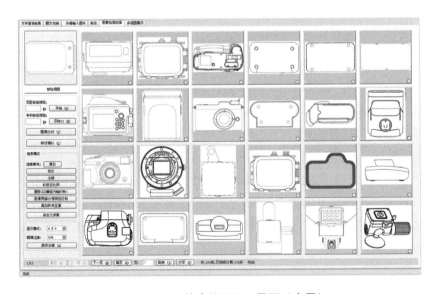

图 2-1-2　检索结果显示界面（右屏）

表 2 - 1 - 1　检索入口的系统分区和相应功能

检索系统分区	相应功能内容
检索条件输入区	检索条件分为中国、日本、美国、韩国、WIPO 共 5 个国家和地区的数据，综合是 5 个国家和地区的数据同时检索
著录信息显示区	该区域主要用于著录信息的显示，包括申请号、申请日、产品名称、LOC 分类号、文献号/公告号/注册号、公告日、设计人、专利权人、优先权等内容，本国分类号、简要说明等
检索操作区	包括检索类别的选择，即著录检索、图像检索、图像检索结果的选择，即默记方式、新标签
视图显示区	该区显示专利视图的信息，以专利图像的九宫图显示（如图 2 - 1 - 1 所示）
结果显示区	包括文字查询结果、图文切换、外部输入、标注、图像检索结果、批量检索结果和多视图展示（如图 2 - 1 - 2 所示）

二、著录信息检索

支持对著录信息中的产品名称、LOC 分类号、文献号/公告号/注册号、设计人、专利权人、简要说明等单项或逻辑组合项进行精确或模糊检索。

1. 文本信息检索

通过输入申请号、专利号等文本信息，例如，在综合检索中输入的主分类号是 "1605"、产品名称是 "相机" 选择著录检索，点击生成检索式，在检索表达式中显示 "（"相机"：M_NAME）＋AND＋（"16 - 05"：M_MAIN_CLASS）"，再点击提交表达式按钮（如图 2 - 1 - 1 所示）。右屏文字查询结果区域显示检索结果列表（如图 2 - 1 - 2 所示）。点击每条信息，相应著录信息填入左屏对应的著录信息区图像信息填入视图显示区。

2. 模糊查询、精确查询

申请号、产品名称、LOC 分类号等字段都支持模糊查询、精确查询。

模糊查询：如在申请号字段输入 "cn20043000" 进行著录检索，出现的结果是包含 cn20043000 的所有数据。

精确查询：精确查询中 "?" 代表单个字符，一个汉字要用 3 个 "?" 代替；"＊" 号代表多个字符。

如在申请号字段输入 "cn200＊0003＊"，对应申请号后面的复选框打 "√" 进行著录检索，则出现的结果是 "200XX0003XXX" 的数据（X 表示任何数字）。

如在申请号字段输入"cn200430003558.？"，对应申请号后面的复选框打"√"进行著录检索，则出现的结果是"cn200430003558.X"的数据（X表示任何数字）。

如在产品名称字段输入"手？？？"，对应产品名称后面的复选框打"√"进行著录检索，则出的结果是"手X"的数据（X表示任何一个汉字）。

三、图像检索

通过著录信息的检索，相应著录信息填入左屏对应的著录信息区、图像信息填入视图显示区。根据视图显示区的图像信息，用户可以选择九宫图里显示的任何一张图像作为被检视图。

视图信息以九宫图方式显示，视图四周带有深蓝色边框称为被检视图。视图四周带有绿色边框表示视图里面包含了多视图。点击鼠标右键即可弹出多视图（如图2-1-1所示）。

设置好被检视图，选择图像检索，图像检索结果选择"默认方式"点击检索按钮，视图信息侧显示在右屏的图像检索结果区（如图2-1-2所示）。

四、外部输入视图检索

点击菜单栏：操作→外部输入，弹出外部输入页面。外部输入页面主要分为著录信息输入区（包括著录检索里的基本信息、如申请号等）和图片信息输入区（有主视图、左视图、右视图、仰视图、立体图、后视图、俯视图、其他视图），通过此操作可以将外部视图导入检索系统，将该图作为被检索视图（如图2-1-3所示）。

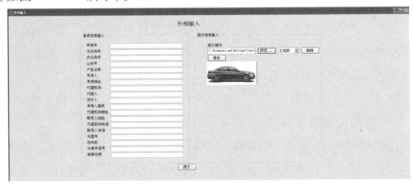

图2-1-3 外部输入视图界面截图

五、结果排序

系统提供了6种固定模式和1种自定义模式，这6种固定模式都可以与单一的颜色模式搭配，根据检索视图的排序选择颜色模式，如图2-1-2左下角所示。用户操作完视图检索后根据相应专利视图的特征选择相应的模式进行排序。这6套固定的检索模式分别为：

（1）优化模式。首选检索模式系统默认。该模式下检索系统的各种参数设定的比较均衡，适合通用检索模式。在检索时首选该模式效率会很高，但针对被检索产品形状的特定性，可适当调整模式，选择下面的一些模式，可能会更快地检索到目标。

（2）全选。没有背景影响，对称性好的专利视图可以尝试使用该模式。

（3）长短边比例模式。对于被检索产品的造型具有明显的长宽高比例特点的可以选择该模式进行排序，计算机会把与其长短比例相近的视图排到前列。

（4）圆形（以横竖为轴对称）。对于有些产品，造型上具有对称性，可以以此特点进行检索，将检索视图按照对称性进行排列，从中找到与被检索视图相近的检索对象。

（5）图像两部分有明显区别模式。对于产品上、下或者左、右两部分有着明显区别的视图，检索时可以尝试使用该检索模式。

（6）黑白彩色互查模式。对于颜色上产生的区别影响到检索结果时，可以选择该模式黑白彩色互查。

（7）自定义模式。自定义模式分别为：内部结构、外形分布、总体色彩、图形相似 、图形类比、外形相似、外形类比、曲率近似、曲率类比、相位近似、相位类比，共11个参数。用户进行完图像检索后根据相应专利视图的特征设置自定义检索模式，点击确定按钮进行排序。

六、检索系统现状

D系统是基于"图形要素"检索技术的检索系统，同时配合著录项目的全文检索可以进一步提高外观设计专利的检索效率和准确性，缩短检索时间。在实际操作过程中，该系统存在以下几个问题。

1. 照片视图和线条视图互检的检出率低

在目前的检索系统中，照片视图和线条图互检的情况下，检出率仍存在不小的提升空间。原因是系统在检索时需要提取图片的特征值，而照片视图中包含图案、色彩以及背景色等大量线条图中可能没有的信息，导致图形比对时差异较大（如图2-1-4所示）。

图2-1-4　机械制图和照片视图的对比

2. 与产品本身无关的内容对检索结果的影响

视图的方向有可能对检索结果产生很大的影响。常见的有视图方向的不同和背景色彩的不同等，上述和产品无关的图片信息，会导致系统对产品形状的判断失误。例如，图2-1-5中三角形造型的灯具，左侧视图中产品背景色彩为红色，系统可能会将背景色彩误认为产品形状的一部分，判断其为方形的形状设计；而右侧视图无背景色彩的视图，系统相对能够准确地判断出产品的外轮廓形状为三角形。

图2-1-5　相同外观设计不相同背景的对比

3. 检索结果显示不够准确

在检索过程中发现，与被检视图相似度很高的视图，往往不能在检索结果界面中出现，出现的反而是相似度不高的其他视图。检索系统对检索结果界面出现的视图的选择不够准确，极容易造成漏检。

4. 自定义参数实效性偏低

通过大量的检索案例来研究自定义参数的设定，但是在不同的案例中，通过调整自定义参数，检索的结果受到的影响不同，甚至有些改变自定义参数的设置，对检索结果排序的影响不大，因此，难以归纳出一个准确的结论，自定义参数的设置意义不大。

第二节　中国专利检索和分析系统

一、系统简介

（一）简介

专利检索与服务系统是集专利检索与专利分析于一身的综合性专利服务系统。检索范围收录了 103 个国家、地区和组织的专利数据，以及引文、同族、法律状态等数据信息，其中涵盖了中国、美国、日本、韩国、英国、法国、德国、瑞士、俄罗斯、欧洲专利局和 WIPO 等。数据库收录的数据定期进行更新。该系统主要提供了门户服务、专利检索服务及专利分析服务。

（二）登陆方法

网址：http：//www. pss - system. gov. cn/，或者通过国家知识产权局主页的服务栏目，点击"专利检索"进入检索和分析系统（如图 2 - 1 - 6 所示）。

二、专利检索

（一）简介

专利检索为该系统的核心功能（如图 2 - 1 - 7 所示），主要基于丰富的专利数据资源提供多种检索模式和浏览模式。在专利检索中，可以进行查新检索、侵权检索、产品出口前检索等业务操作。为了提升检索效率，还可以通过多种检索辅助工具辅助构建检索式、完善检索思路；可以通过多种浏览辅助工具快速定位专利的核心技术，挖掘技术背后的信息。

图 2 - 1 - 6　专利检索及分析系统

图 2 - 1 - 7　专利检索核心功能示意

　　在门户页面中，可以通过点击导航栏菜单中的"专利检索"进入到专利检索服务中，可根据检索需求使用相应的功能服务（如图2-1-8所示）。

图2-1-8　进入"专利检索服务"操作示意

（二）常规检索

1. 功能介绍

　　常规检索主要提供了一种方便、快捷的检索模式，帮助用户快速定位检索对象（如一篇专利文献或一个专利申请人等）。如果用户的检索目的十分明确，或者初次接触专利检索，可以以常规检索作为检索入口进行检索。

　　为了便于检索操作，常规检索提供了基础的、智能的检索入口，主要包括自动识别、检索要素、申请号、公开（公告）号、申请（专利权）人、发明人以及发明名称。

2. 操作实例

　　常规检索中支持的各类检索字段除了检索含义不同，其操作方式基本相同，接下来以自动识别和检索要素为例介绍具体的功能应用。

　　（1）"自动识别"字段检索。在进入"专利检索"页面后，系统默认显示"常规检索"页面（如图2-1-9、图2-1-10所示）。

图 2-1-9 常规检索页面 1

图 2-1-10 常规检索页面 2

在"常规检索"页面中，选择检索字段为"自动识别"（如图2-1-11所示），然后在"检索式编辑区域"输入"手机支架"，最后点击"检索"按钮执行检索操作并显示检索结果页面（如图2-1-12所示）。

图2-1-11 常规检索页面3

图2-1-12 "手机支架"常规检索结果

在浏览检索结果的过程中，可以调整系统自动识别的检索式信息，重新进行检索；也可利用检索结果操作区域操作工具设置检索结果的显示信息和方式。系统自动列出的检索结果包含有发明、实用新型和外观设计的数据，如果进行外观设计的检索，可点击过滤，选择外观设计，然后点击应用即可（如图 2 - 1 - 12 所示）。

（三）高级检索

1. 功能介绍

高级检索主要根据收录数据范围提供了丰富的检索入口以及智能辅助的检索功能。根据自身的检索需求，在相应的检索表格项中输入相关的检索要素，并确定这些检索项目之间的逻辑运算，进而拼成检索式进行检索。若获取更加全面的专利信息，或者对技术关键词掌握的不够全面，可以利用系统提供的"智能扩展"功能辅助扩展检索要素信息。

为了保证检索的全面性、充分体现数据的特点，系统根据专利数据范围的不同提供了不同的检索表格项。关于具体的检索表格项说明如表 2 - 1 - 2 所示。

表 2 - 1 - 2 "高级检索"检索表格项介绍

序号	字段名称	所属数据范围	用户类别
1	申请号		
2	申请日		
3	公开（公告）号		
4	公开（公告）日		
5	发明名称		
6	IPC 分类号		
7	申请（专利权）人	中外专利联合检索；中国专利检索；外国及我国港澳台地区专利检索	匿名用户
8	发明人		
9	优先权号		
10	优先权日		
11	摘要		
12	权利要求		
13	说明书		
14	关键词		

序号	字段名称	所属数据范围	用户类别
15	外观设计洛迦诺分类号	中国专利检索	匿名用户
16	外观设计简要说明		
17	申请（专利权）人所在国（省）		
18	申请人地址		
19	申请人邮编		注册用户
20	PCT 进入国家阶段日期		
21	PCT 国际申请号		
22	PCT 国际申请日期		
23	PCT 国际申请公开号		
24	PCT 国际申请公开日期		
25	ECLA 分类号	外国及我国港澳台地区专利检索	注册用户
26	UC 分类号		
27	FT 分类号		
28	FI 分类号		
29	发明名称（英）		
30	发明名称（法）		
31	发明名称（德）		
32	发明名称（其他）		
33	摘要（英）		
34	摘要（法）		
35	摘要（德）		
36	摘要（其他）		

2. 操作实例

在门户页面中，选择菜单导航中的"专利检索"，并选择下拉菜单中的"高级检索"，进入高级检索页面（如图 2 - 1 - 13 所示）。在门户页面中，也可以通过"我的常用功能"中的快捷入口进入高级检索页面（如图 2 - 1 - 14 所示）。

图 2 - 1 - 13　从菜单导航栏进入"高级检索"

图 2 - 1 - 14　从"我的常用功能"进入"高级检索"

在点击"高级检索"按钮之后，系统显示高级检索页面，主要包含三个区域：范围筛选、高级检索和检索式编辑区（如图2-1-15所示）。

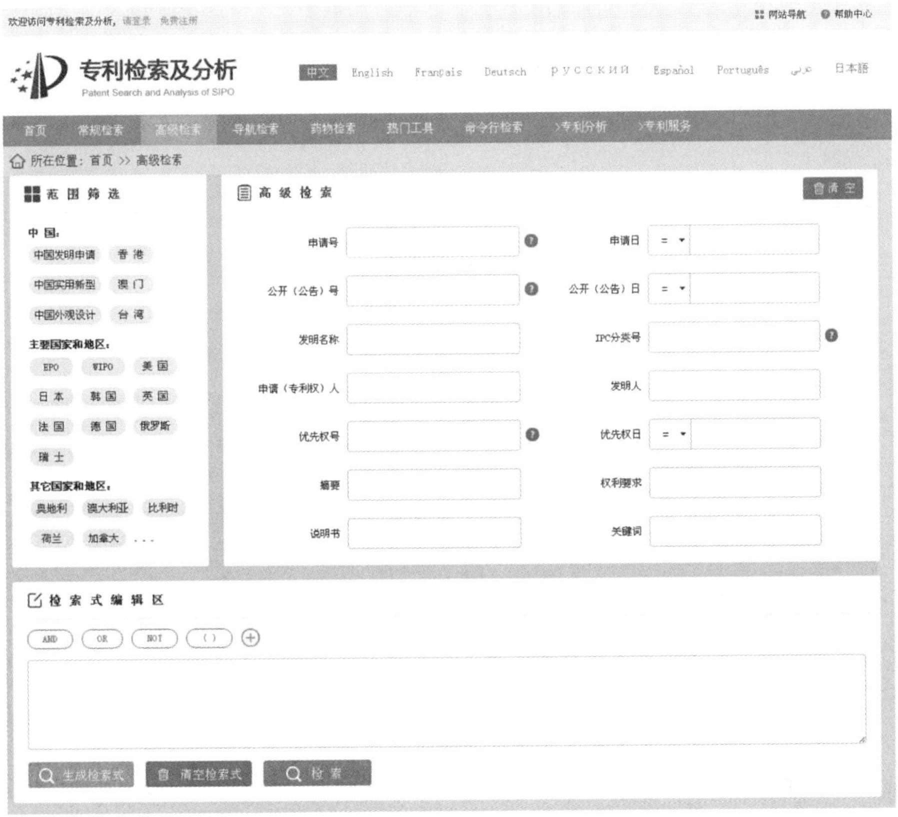

图2-1-15　"高级检索"主页面

如果进行检索范围限定在中国，可以选择"中国外观设计"，填写高级检索里的检索项，然后生成检索式进行检索，检索结果会出现在该页的下方。

如果进行国外的检索，可以选择相关的数据范围，输入相应的检索项生成检索式检索，检索结果出现在该页的下方。

3. 浏览模式

该系统设定了多个浏览模式（如图2-1-16所示），例如默认的搜索式，在默认的搜索式的浏览模式下，检索外观设计的结果往往掺杂一些发明和实用新型的信息，可以选择"过滤"点击外观设计即可，而该功能只能注册用户或者高级用户才能使用，非注册用户不能使用；在列表时的模式下，可以通过选择"过滤"通过日期筛选进行申请日或者公告日区间的数据显示排列；在多图式的浏览模式下，外观设计检索最为直观，通过视图的展示，寻找理想的目标；也可以根据申请日或者公开日升序降序的顺序进行排序。在搜索式的显示模式下，可以通过点击蓝色字体进行"钻取检索"，可以检索查阅同一申请日、公开日、申请人、发明人的所有申请。

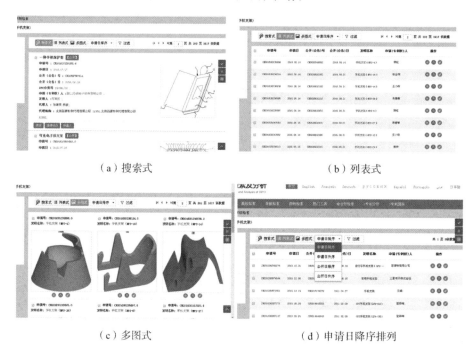

（a）搜索式　　　　　　　　　　　（b）列表式

（c）多图式　　　　　　　　（d）申请日降序排列

图 2 - 1 - 16　不同浏览模式截图

第三节　中国专利公布和公告查询系统

一、系统说明

（一）系统简介

中国专利公布公告查询系统的数据主要是中国专利公布公告的三种专利数据，每周三数据更新，收录的是 1985 年 9 月 10 日至今的中国专利公布公告信息，以及实质审查生效、专利权终止、专利权转移、著录事项变更等事务数据信息，可以按照发明公布、发明授权、实用新型和外观设计四种公布公告数据进行查询。

系统收录数据为自 1985 年 9 月 10 日以来公布公告的全部中国专利信息，包括：

（1）发明公布、发明授权（1993 年以前为发明审定）、实用新型专利（1993 年以前为实用新型专利申请）的著录项目、摘要、摘要附图，其更正的著录项目、摘要、摘要附图（2011 年 7 月 27 日及之后），及相应的专利单行本（包括更正）。

（2）外观设计专利（1993 年以前为外观设计专利申请）的著录项目、简要说明和指定视图，其更正的著录项目、简要说明及指定视图（2011 年 7 月 27 日及之后），及外观设计全部图形（2010 年 3 月 31 日及以前）或外观单行本（2010 年 4 月 7 日及之后）（均包括更正）。

（二）登录方法

登录网址为 http：//epub. sipo. gov. cn/，或者通过国家知识产权局主页的服务栏目，点击"专利检索"进入专利公布公告查询系统（如图 2 - 1 - 17 所示）。

图 2 - 1 - 17　中国专利公布公告系统

二、专利检索

根据系统显示，该系统检索界面主要分为公布公告查询检索、高级查询、IPC 分类查询、LOC 分类查询、实务数据查询。

（一）公布公告查询

支持 IE6 及以上版本浏览器，为了提高显示效果，建议浏览器升级到 IE8 以上。

（1）可查询数据项：高级查询列表中所示的著录项目、摘要或简要说明数据。

（2）默认为对四种专利进行查询。

（3）查询结果中同一专利类型默认按照公布公告日（更正专利按照更正文献出版日，解密专利按照解密公告日）降序排列。一种专利类型查询结果超过 10000 条则不再排序。

查询实例：输入"豆浆机"，选择"外观设计"复选框，显示外观设计产品名称和简要说明中涉及"豆浆机"的所有公布公告信息。通过手机扫描右侧的二维码，可以使用手机查阅相关案件的公布公告信息（如图 2－1－18 所示）。

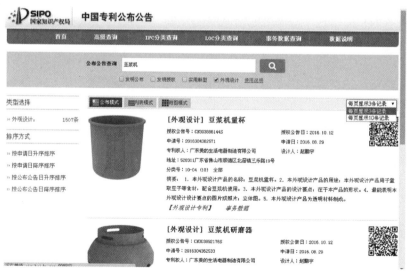

图 2－1－18　中国专利公布公告系统检索结果显示界面

（二）高级查询

高级查询的页面如图 2 - 1 - 19 所示。

图 2 - 1 - 19　中国专利公布公告系统高级查询页面

（1）可查询数据项：列表中所示的著录项目、摘要或简要说明数据。

（2）默认为对四种专利进行查询。

（3）查询结果中同一专利类型默认按照公布公告日（更正专利按照更正文献出版日，解密专利按照解密公告日）降序排列。一种专利类型查询结果超过 10000 条则不再排序。

（三）分类查询

分类查询的页面如图 2 - 1 - 20 所示。

（1）可通过在分类查询入口输入关键词或分类号获得相关分类号或分类号的含义，如运输。

（2）可通过点击分类号树状结构查询需要的分类号。

（3）如果需要重新确定分类号，可再次点击"IPC 分类查询""LOC 分类查询"或"返回"。确定分类号后，点击"选择"，则进入"高级查询"界面，直接查询或配合其他条件进行查询。

图 2 - 1 - 20　中国专利公布公告系统洛迦诺分类查询页面

（四）事务查询

通过选择专利类型、事务数据类型、申请号、事务数据公告日、事务数据信息进行查询（如图 2 - 1 - 21 所示）。

图 2 - 1 - 21　中国专利公布公告系统事务数据查询显示页面

（五）浏览模式

该系统设定了 3 种浏览模式：公布模式、列表模式和附图模式。公布模式每页最多显示 10 条信息，可以看到图片、公布公告的信息等内容；列表模式可以看到申请号、申请人以及外观设计产品名称，每页可显示 20 条记录，缺点为无法看到图片；附图模式主要是图片，图片下方为申请号和洛迦诺分类号，便于外观设计的检索使用，方便查阅，每页显示16条记录（如图2-1-22所示）。

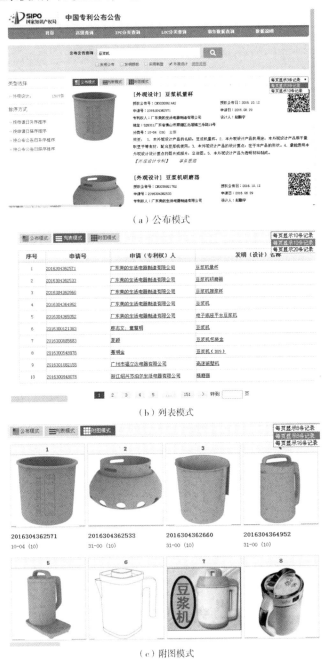

（a）公布模式

（b）列表模式

（c）附图模式

图2-1-22　中国专利公布公告系统浏览模式

第四节　美国官网外观设计专利检索系统

一、概述

美国外观设计制度中对外观设计的定义是："任何人发明制造品的新颖、独创和装饰性的外观设计，均可按照本法所规定的条件和要求取得对于该项外观设计的专利权。"

美国外观设计专利实行双分类号制度，即同时采用《国际外观设计分类表》（洛迦诺分类体系）和美国外观设计分类体系（以下简称 USPC）。

美国外观设计分类表的结构与其发明专利分类法相似，从形式上为大类和小类（大类/小类）两个等级。美国的外观设计分类是根据产品功能或工业产品在外观专利申请时表示的用途。另外，美国分类表中的小类较多考虑形态因素，在每个大类中，将拥有某种特殊机能，明确功能特征或与众不同的装饰性外表的设计专利归在同一小类。

二、检索系统

美国专利商标局 USPTO（United States Patent And Trademark Office）目前通过互联网免费提供 1976 年至最近一周发布的美国专利全文库，以及 1790 年到 1975 年的专利全文扫描图像，供社会公众免费查询，网址是 http：//www. uspto. gov，点击该页面左上角的"Patents"链接，可进入美国专利方面相关事务页面，如图 2 - 1 - 23 所示。

然后在页面左侧的链接目录中选择"Application Process"下的"Search for Patent"，进入专利检索页面（如图 2 - 1 - 24 所示）。

在图 2 - 1 - 24 所示的页面上部列举了若干检索项目，可以通过这些入口进行外观设计检索。美国官网的外观设计专利检索系统详情见本书的附录 A。

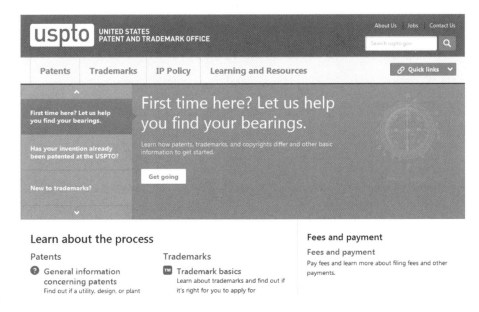

图 2 -1 -23　美国专利商标局主页

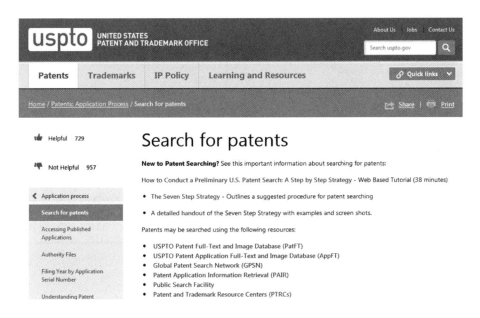

图 2 -1 -24　美国外观设计专利检索页面

第五节 日本官网外观设计专利检索资源

一、概述

日本外观设计专利实行的是实质审查制度，即在形式审查合格后，还要进行检索和专利性判断。其检索的范围是日本的外观设计公报和实用新型公报、在先申请文件、外国的外观设计公报和实用新型公报以及杂志、图书等。审查中，主要的检索手段是分类号检索（如图 2 - 1 - 25 所示）。

图 2 - 1 - 25 日本外观设计专利检索入口

日本外观设计分类采用日本本国的分类体系，但在外观设计公报中不仅标注日本本国分类号（日本分类号的特点见第四部分第二章所述），同时也标注国际外观设计分类号，以供参考。从 2005 年 1 月 1 日起，日本开始启用新版的日本外观设计分类法❶。

二、检索系统

日本特许厅（以下简称 JPO）官网设有专利信息平台"J - PlatPat"（注：

---

❶ 张东亮，卞永军，等. 外观设计专利分类及数据库调研团访日情况报告［J］. 审查业务通讯，2007（13）：11.

原来该平台的名称为"工业产权图书馆",简称为 IPDL)。J – PlatPat 类似网上图书馆,为公众提供能够免费使用的日本各种工业产权数据检索系统。其中外观设计数据每周更新一次,网站会公开近期数据更新的时间(如图 2 – 1 –26 所示)。

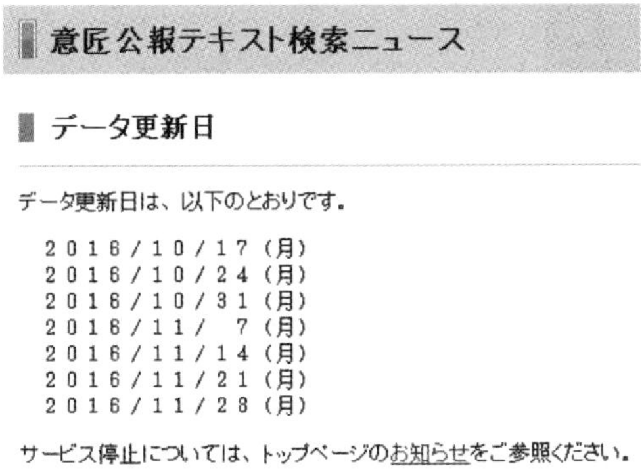

图 2 – 1 – 26　日本外观设计专利数据更新时间公示

日文版网页包括以下几个检索数据库:

(1)日本外观设计专利公报数据库。分为编号查询(意匠番号照会)、公报文本检索(意匠公报テキスト検索)和分类号检索(日本意匠分類・D ターム検索)三个入口。

(2)外观设计公知资料数据库。分为编号查询(意匠公知資料照会)和文本检索(意匠公知資料テキスト検索)两个入口。

(3)日本分类体系信息查询。检索入口为日本外观设计分类相关信息(日本意匠分類関連情報)。

英文版仅包含外观设计专利的检索数据库,分为编号查询(Design Number Search)、分类号检索(Design Classification Search)以及日本本国分类表的列表查询(Japanese Classification for Industrial Designs)三个检索模块。

日文页面网址为 https：//www. j – platpat. inpit. go. jp/web/all/top/BTm-TopPage(如图 2 – 1 – 27 所示)。

英文页面网址为 https：//www. j – platpat. inpit. go. jp/web/all/top/BTm-TopEnglishPage(如图 2 – 1 – 28 所示)。

图 2 – 1 – 27　日本 J – PlatPat 简单检索日文页面

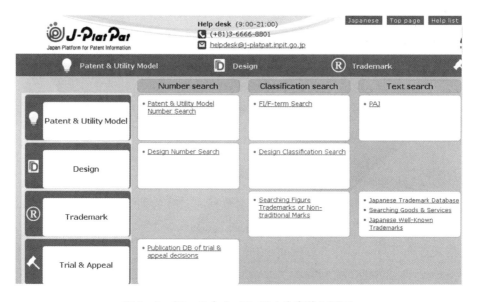

图 2 – 1 – 28　日本 J – PlatPat 检索英文页面

日本官网的外观设计专利检索系统详情见本书的附录 B。

第六节　韩国官网外观设计检索资源

一、概述

韩国外观设计专利属于单独立法，保护期限为 15 年。韩国的外观专利审查制度最具特色的是实质审查制度与非实质审查制度相结合。绝大部分外观设计专利申请进行实质审查，大概 20% 的外观申请采用非实质审查制，审批周期在 2 ~ 3 个月。采用非实质审查的外观设计产品是流行性较强，样式、花色变化快的产品，如衣物、床单、地板、席子、帷幕、办公用纸、印刷品、包装纸、包装容器、纺织物等❶。

韩国外观设计分类体系源自日本外观设计的分类体系，因此大部分是相似的。包含 13 个部、74 个大类，共有约 4200 个分类条目。分类的编排结构为依照部、大类、小类、外形分类的 4 级结构。例如 B1 – 10A（韩服）："B"为部，"Bl"为大类号，"B1 – 10"为小类号，"B1 – 10A"为外形分类号。在各个类别中，以 D2（其他家具，共 243 个条目）、F2（其他笔记本及事务用具等，共 208 个条目）、D3（其他电灯和照明器具，共 180 个条目）之下设置的条目最多，表明韩国的这几个领域中的设计活动比较活跃。

二、检索系统

韩国工业产权信息中心（Korea Industrial Property Rights Information Service，以下简称 KIPRIS），成立于 1996 年 7 月，是自负盈亏的专利信息服务机构。2008 年 7 月引入了"韩 – 英"双语检索系统，用户可以使用英文页面来进行韩国外观设计检索❷。英文主页网址为 http：//eng. kipris. or. kr（如图 2 – 1 – 29 所示）。进入后点击主页上方"SEARCH"下的"Design"，进入外观设计专利检索界面。

---

❶ 杨铁军. 专利信息利用技能［M］. 北京：知识产权出版社，2011：394 – 396.
❷ 朱江岭，陈金梅. 中外专利信息网络检索与实例［M］. 北京：海洋出版社，2009：192 – 195.

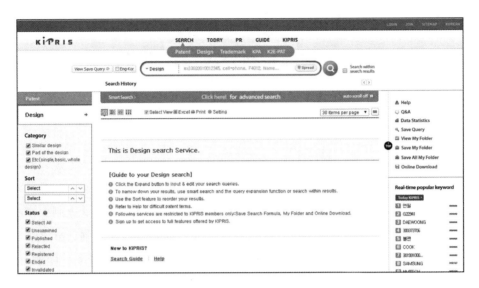

图 2 - 1 - 29　韩国外观设计专利检索界面（英文）

网站的检索方式分为两种，一种是 Smart Search（智能检索），另一种是 advanced search（高级检索）（如图 2 - 1 - 30 所示）。默认为 Smart Search，可以点击"Click here! For advanced search"进入高级检索。

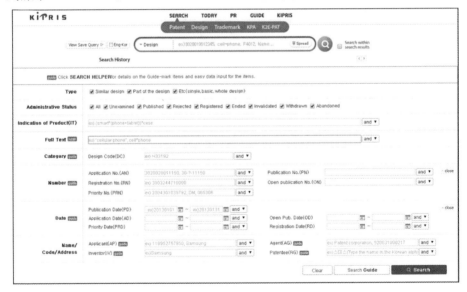

图 2 - 1 - 30　韩国外观设计检索系统高级检索界面

韩国官网的外观设计专利检索系统详情见本书的附录 C。

第七节　EUIPO 官网外观设计检索资源

一、概述

欧洲联盟（European Union，以下简称欧盟、EU）由欧洲共同体（European communities）发展而来的。依据欧盟新修订的《欧盟商标条例》（欧洲议会及欧洲理事会第（EU）2015/2424 号条例），自 2016 年 3 月 23 日起，欧盟内部市场协调局（OHIM）正式更名为欧盟知识产权局（以下简称EUIPO）。此外，自该日期起，该局所管辖的两项知识产权之一的"共同体商标"（CTM），也将正式更名为"欧盟商标"（EUTM），自 2016 年 3 月 23 日起网站域名更新为 www. euipo. europa. eu。

EUIPO 外观设计分为非注册式共同体外观和注册式外观设计。

非注册式共同体外观设计无须提交注册申请，自该外观设计在欧共体内首次为公众可获得（通过出版、展览、销售等方式披露，为相关行业的专业人士所知）之日起，即享有 3 年保护期。因其保护期短，适合于较流行的产品设计。注册式共同体外观设计必须向 EUIPO 或通过欧盟成员国的工业产权局提出注册申请，注册式外观设计保护期为自申请日起 5 年，期满后可续展 4 次，每次 5 年，最长保护期为 25 年。注册式共同体外观设计采取形式审查；经 EUIPO 形式审查合格，予以注册。

EUIPO 以洛迦诺国际外观设计分类体系为基础，提供 22 种欧盟语言的洛迦诺国际外观设计分类扩展版本，即欧洲洛迦诺分类（EUROLOCARNO），大约包含有 11000 项，公众可通过互联网进入在线查询。

二、检索系统

EUIPO 的网址 https：//www. euipo. europa. eu 上的 RCD – ONLINE 提供已获得注册的欧共体外观设计登记注册信息。点击 EUIPO 网站主页右侧"Databases"下的"Search a Community design"或者其他页面上的相同入口，即是注册式共同体外观设计检索 RCD – ONLINE 的进入界面（如图 2 – 1 – 31 所示）。随后在"Search"部分点击"DesignView"，即为 EUIPO 外观设计检索系统（如图 2 - 1 - 32 所示）。EUIPO 外观设计检索系统的网址为 https：// www. tmdn. org/tmdsview - web/welcome。

图 2 - 1 - 31　EUIPO 外观设计网站主页

图 2 – 1 – 32 EUIPO 外观设计检索系统主页

EUIPO 官网的外观设计专利检索系统详情见本书的附录 D。

第八节 WIPO 官网外观设计检索资源

一、概述

WIPO 对外观设计的保护所依据的条约是《工业品外观设计国际保存海牙协定》，审查制为初步审查制度，即海牙协定缔约方所属的国民可以直接（或者通过其国家主管局）向国际局提交一份外观设计申请，该申请符合规定的形式要求后，就在国际注册簿上予以登记，并在《国际外观设计公报》中公布。各指定缔约方的主管局即可在本国立法的规定下进行实质审查，以决定该申请能否在其领土内进行保护。WIPO 同我国一样采用洛迦诺分类体系对产品进行分类，目前数据库文献数量相对较少，可以直接使用洛迦诺分类号进行检索。

二、检索系统

WIPO 网址为 http：//www. wipo. int/（如图 2 - 1 - 33 所示），有 6 种语言的网页，其中包含有中文网页，方便中国用户使用。

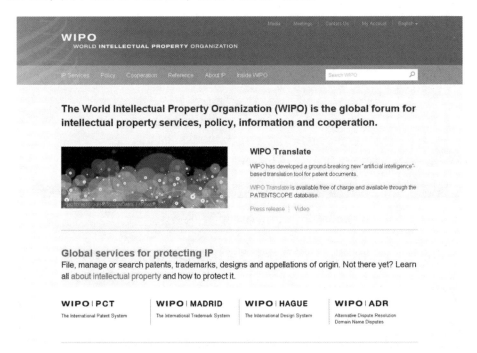

图 2 - 1 - 33　WIPO 主页

进行外观设计的检索要进入 WIPO 网站的海牙专属数据库（Hague Express Database），所在网址为 http：//www. wipo. int/designdb/hague/en/。该数据库对公众免费开放使用。

社会公众除了可以点击上述网址直接进入外，亦可在主页中依次点击相应条目而逐级进入，首先将鼠标放在主页的"About IP"上，点击左侧显示的"Industrial Designs"，将网页下拉，在"registering and searching industrial designs"点击进入"Hague Express"，然后再点击页面中"Access the Hague Express database"即可进入海牙专属数据库，默认为 Hague Express Structured Search（结构化检索）的检索界面（如图 2 - 1 - 34 所示）。

图 2 - 1 - 34 Hague Express Structured Search 检索界面

WIPO 官网的外观设计专利检索系统详情见本书的附录 E。

第二章　外观设计专利商业检索系统

互联网中的商业专利数据库，大多是商业公司基于国家知识产权局官网的专利检索系统，以及国外官网的专利检索系统，进行数据重组后提供的专利检索平台。目前我国常见的互联网专利数据库主要有 Orbit、Soopat 和专利之星等，此类数据库包含多个国家的专利信息，相当于各国官网专利公报数据的集合，但是更新比官网略慢。

第一节　Orbit 专利数据库

一、Orbit 简介

Orbit 系统是法国 Questel 公司开发的、为全球用户提供专利检索及在线知识产权服务的平台，该系统可以检索 43 个国家及组织❶的外观设计专利数据，通过该系统可以下载检索数据，便于数据统计分析。目前 Orbit 数据库可通过购入的用户名及密码登陆。

二、系统主要界面介绍

（一）用户登录界面

Orbit 系统数据库界面如图 2 - 2 - 1 所示。

---

❶ 数据截至 2016 年 11 月。

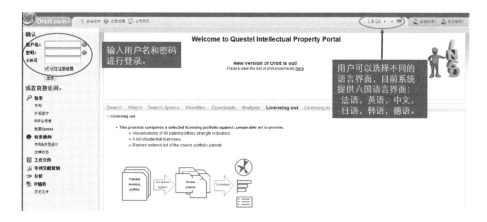

图 2 - 2 - 1　Orbit 数据库用户登录界面

（二）外观设计检索模块

1. 简易检索模块

Orbit 系统数据库外观设计简易检索界面如图 2 - 2 - 2 所示。

图 2 - 2 - 2　Orbit 数据库外观设计简易检索界面

2. 高级检索模块

Orbit 系统数据库外观设计高级检索界面如图 2 - 2 - 3 所示。

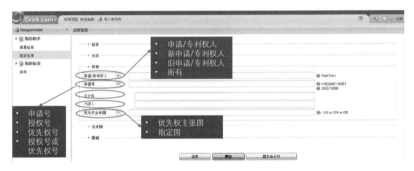

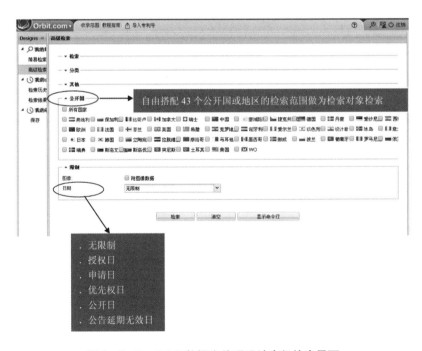

图 2 - 2 - 3　Orbit 数据库外观设计高级检索界面

3. 检索结果显示

Orbit 系统数据库外观设计检索结果显示界面如图 2 – 2 – 4 所示。

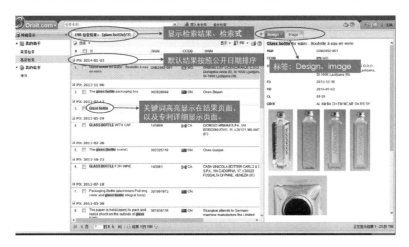

图 2 – 2 – 4　Orbit 数据库外观设计检索结果显示

第二节　Soopat 检索数据库

Soopat 网址为 http：//www. Soopat. com/Home/Design。它属于专利数据搜索引擎（如图 2 – 2 – 5 所示），将互联网免费的专利数据库进行链接、整合、调整，其特点是具有较强的专利分析功能，搜索界面友好，搜索结果较为详尽，比较适合关键词检索。对普通用户只开放国内专利检索，且浏览量有限制，更多权限需要注册缴费。

图 2 – 2 – 5　Soopat 检索界面首页

第三节　专利之星检索数据库

专利之星（Patentstar）是北京新发智信科技有限责任公司旗下专利产品的品牌名称，网址为 http：//www. patentstar. cn。其中包含专利检索系统、图像检索系统、机器翻译系统（如图 2－2－6 所示）。其中专利检索系统作为核心产品，提供专利检索服务为主，结合统计分析、机器翻译、定制预警等功能为一体的综合性专利信息服务系统。

图 2－2－6　专利之星检索系统首页

专利之星图像检索系统前身为 DPRS 外观专利图像检索系统，是我国自主开发的第一个基于内容的专业图像检索系统，自 2008 年推出以来应用于国家知识产权局外观审查业务。专利之星的机器翻译系统中的汉英翻译系统多次在欧洲专利局（EPO）组织的非英语到英语的机器翻译系统评测中位列榜首。

专利检索系统包含中国及世界专利检索功能、专利下载功能、专利翻译功能、专利分析功能、专利定制及自定义专利库功能，现以检索网站的模式对公众服务。包含多个国家多种语言的专利图文，采用单/双屏方式显示检索输入和输出，按照图像的相似度排序，在界面上输出图像序列；包含英汉翻译功能、汉英翻译功能及日汉翻译功能。

第三部分

外观设计非专利文献资源

第一章　互联网外观设计非专利文献检索资源

第一节　互联网数据概述

一、互联网数据

互联网数据是指通过网络来传输的信息。互联网的存在，为社会提供了一个共享信息的平台。读取数据，就产生可感知的具体信息，通过这种信息可以了解和感知世界，而所有的这些数据集合起来就构成了庞大的互联网。互联网的发展使网络上包含了巨大的数据和信息，其数量级和便捷性都是纸件数据和信息所无法比拟的。也正是由于互联网的这些优势，人们找寻信息的方式也已经逐步从翻阅纸件时代过渡到了互联网检索时代。在众多创新类型中外观设计是最直观的一类，在互联网公开的各种类型的信息中，由于外观设计表达的直观性，最终可以作为外观设计公开为现有设计证据的互联网信息也随着互联网的发展日渐增多，信息的可靠程度也随着互联网行业的规范更加可靠。因此，本书中整合了可能涉及外观设计信息的互联网资源，并相应分析其特性，作为工作人员检索非专利文献的选择参考。

二、外观设计的特点及所涉及的互联网类型的分类

（一）外观设计的特点

外观设计专利在法律上讲，是指对肉眼可见的实体产品的外形设计，而且主要是基于美感而进行的设计。与发明专利、实用新型专利相比，外观设计专利具有非常独特的特征，主要是以图片的表达范围作为权利保护范围，而且图片形式包括照片、模拟照片效果的渲染视图、机械制图形式的绘制视图等多种。

基于以上的申请形式，外观设计专利在互联网时代的检索手段包括关键词检索以及图片检索。几乎所有互联网都支持关键词检索，部分互联网如百度识图、Google 以图搜图、搜狗图片、TinEye、PICTUP 等网站也支持图片检索。

但是外观设计在互联网中进行检索也仍存在不少困难，主要有：第一，关键词的提取基本取决于主观判断，再加上图片所包含的信息量大，可能用几千字也描述不尽，难以提取准确的关键词；第二，现有互联网资源、检索系统的检索方式普遍是基于关键词检索建立，图像检索不够成熟；第三，互联网资源的证据日期不容易确定；第四，外观设计的互联网资源整合度低、较为分散。

（二）涉及互联网的分类

可以检索外观设计专利的互联网资源有多种类型，按网站的性质大致可以分为综合搜索网站、商务型网站、设计类网站、专利资源网站、厂家官方网站、政府网站以及视频资源网站等。下节中针对上述不同类型的资源进行整合介绍。

第二节　不同类型互联网检索资源介绍

如同商品的质量差异，互联网网站也有质量高低之分。本书结合各网站信息来源、网页相关日期的记载、网站的信息量和网站的运行年限等因素，经过初步分析、综合考量，在不同类型的网站中均摘选出知名度高、可信的网站资源，并形成资源列表，以备检索时选择适当的互联网资源进行。

一、综合搜索引擎

搜索引擎类网站的稳定性较高（如表 3 – 1 – 1 所示），大多数是给用户一个检索结果和入口，用户还需要通过检索链接进入检索到的网站来浏览详细的信息和资源。

表 3 – 1 – 1　主要综合搜索引擎检索资源

序号	名称	网址	数据库	特点	适用范围
1	百度	http：//www.baidu.com/	较全面地覆盖了中文网络的数据	关键词检索便捷高效，搜索结果不易筛选	综合检索，现有设计检索；关键词检索
2	Google	http：//www.google.com.hk/	完整地覆盖了英文数据和大部分中文网络数据	关键词检索便捷高效、准确率较高	综合检索，外文检索
3	Sogou	http：//www.sogou.com/	较全面地覆盖了中文网络的数据	较智能的搜索引擎，最新页面可迅速被搜到，排序方面具有优势	综合检索，现有设计检索；关键词检索
4	有道	http：//www.youdao.com/	较全面地覆盖了中文网络的数据、博客内容	博客搜索具有抓取全面、更细、及时	综合检索，博客内容搜索；关键词检索
5	Soso	http：//www.sogou.com/	较全面地覆盖了中文网络的数据、Q – zone、搜吧	搜索准确，排序方面有优势	综合检索，现有设计检索；关键词检索
6	Bing	http：//cn.bing.com/	较全面地覆盖了英文网络的数据	出色的搜索技术，更全面、快捷、准确	综合检索，外文检索

二、电子商务网站

适用于日常生活经常接触到的领域产品（如表 3 – 1 – 2 所示），其他专业性强、不常接触的领域建议使用综合搜索引擎以及相关的专业网站。

表 3 – 1 – 2　主要电子商务网站检索资源

序号	名称	网址	数据库	特点	适用范围
1	淘宝	http：//www.taobao.com/	产品齐全	无上架时间，有短期交易记录，有相似款搜索	综合检索，现有设计检索；关键词检索
2	京东商城	http：//www.jd.com/	产品信息较多	有上架日期	综合检索，现有设计检索；关键词检索

续表

序号	名称	网址	数据库	特点	适用范围
3	当当	http：//www.dangdang.com/	产品齐全，偏重图书音像	有评价记录	综合检索，现有设计检索；关键词检索
4	1号店	http：//www.yhd.com/	产品齐全	登录时会选择地区	综合检索，现有设计检索；关键词检索
5	亚马逊	http：//www.amazon.cn/	产品齐全	书籍种类比较齐全	综合检索，现有设计检索；关键词检索
6	易趣网	http：//www.eachnet.com/	产品齐全	分中国馆、美国馆、加拿大馆；有交易记录	可以直接查看国外商品库，获得最新国外产品样式
7	凡客	http：//www.vancl.com/	时装、包、鞋帽类	有交易记录	主要用于服装类检索
8	团购网	http：//tuan.baidu.com/	生活密切相关的短期消费类	有团购有效期、评论日期等	适用于可以大批量购买的物品，一般为低价位物品
9	58同城	http：//bj.58.com/	二手物品交换	具有发布日期	综合检索，现有设计检索；关键词检索
10	慢慢买比价网	http：//www.manmanbuy.com/	产品齐全	对同一产品可以在多家网站中显示	适用于已知产品名称，进一步确定日期类产品

三、设计素材库

主要涉及平面设计图片、3D图片素材库等（如表3-1-3所示），多为渲染图、设计图。

表 3 - 1 - 3　主要设计素材库检索资源

序号	名称	网址	数据库	特点	适用范围
1	3D 溜溜网	http：//www. 3d66. com/	三维产品的素材下载网站，网站浏览性好	具有上传时间	关键词检索
2	昵图网	http：//www. nipic. com/	图片素材共享平台，数据量较大、图片像素较高、图片种类较多	具有公开时间	关键词检索
3	千图网	http：//www. 58pic. com/	提供矢量图、PSD 源文件、图片素材、PDF、图标等下载	具有公开时间	关键词检索
4	我图网	http：//www. ooopic. com/	图客型网站，主要经营正版的设计稿	具有上传时间	关键词检索
5	汇图网	http：//www. huitu. com/	原创、正版、商业作品交易平台，包括原创摄影作品和原创设计	具有发布时间	关键词检索
6	淘图网	http：//www. taopic. com/	专业的高质量素材网站，提供 PSD 素材、矢量素材、高清图片、影楼模板、影楼样片等素材，主要为原创作品	具有更新时间	关键词检索
7	红动中国设计网	http：//www. redocn. com/	网络互动交流平台，包括论坛、素材共享、教程、设计资讯、空间博客、娱乐等，涉及领域包括平面设计、工业设计、室内设计、动漫、摄影等视觉艺术领域	具有上传时间	关键词检索
8	中国设计网	http：//www. cndesign. com/	具有平面包装、工业产品、服装饰品、数码影视、摄影图片、绘画插图等	图片产品介绍清楚，具有标准的上传时间	关键词检索
9	素材天下	http：//www. sucaitianxia. com/	各种平面类素材网站	具有添加时间	关键词检索

序号	名称	网址	数据库	特点	适用范围
10	笔秀网	http：//www. penshow. cn/	各种设计素材网站：读物、幻灯片、FLASH、图标、字体、各种高清图片，还包括原创作品	具有发布时间	关键词检索
11	百图汇	www. 5tu. cn/	图片、设计源图、PSD图、矢量图、高清图片、原创	具有上传时间	关键词检索
12	天堂图片网	http：//www. ivsky. com/tupi-an/	图片素材、桌面壁纸等平面类网站	具有上传时间	关键词检索
13	素材公社	http：//www. tooopen. com/	素材类网站	具有上传时间	关键词检索
14	站酷网	http：//www. zcool. com. cn/	设计作品、素材、摄影作品的网站	具有上传时间	关键词检索
15	懒人图库网	http：//www. lanrentuku. com/	素材类网站，主要为平面类	具有上传时间	关键词检索
16	Veer中国图库	www. veerchina. com/	Corbis 投资的正版图片等创意产品交易平台，种类繁多	具有收藏时间	关键词检索
17	素材中国	http：//www. sccnn. com/	专注于提供平面广告设计素材	没有发布时间	关键词检索
18	蚂蚁图库	http：//www. mypsd. com. cn/	专业图库素材网站，主要为原创作品，平面类设计	没有上传时间	关键词检索

四、以图搜图资源

以图搜图类网站，都是用户通过上传本地图片或者输入图片的 URL 地址之后，网站再根据图像特征进行分析，进而从互联网中搜索出与此相似的图片资源及信息内容（如表 3 - 1 - 4 所示）。

表 3 - 1 - 4　主要以图搜图检索资源

序号	名称	网址	数据库	特点	适用范围
1	Tineye	http：//www.tineye.com/	图片搜索引擎，可查询来自国外网站的图片，对于国内图片链接也支持，甚至可以搜索到国内各大论坛上的图片，即可上传图片也可通过图片的网址进行搜索	免费网站，图片搜索准确率很高，支持中文网络的图片；可通过局部图搜索整幅图；网速比较慢	上传图片和图片网址
2	百度识图	http：//shitu.baidu.com/	基于将图片默认为同等大小的搜索，将每张图切分成 N 份的特征，互相比对后进行相似度搜索，暂时不支持部分图片搜索	搜索结果比较和谐，图片要求在 5MB 以内	上传本地图片和添加网络上的图片
3	Google 图片	http：//images.google.com.hk/imghp？hl=zh-CN	海量数据，图片具有不同尺寸	网速较慢	上传本地图片和添加网络上的图片
4	搜搜图片	http：//image.soso.com/	腾讯旗下的搜索网站	提供关键字检索，所显示的图片并没有上传时间等	关键字检索
5	搜狗识图	http：//pic.sogou.com/	是搜狗图片搜索正式推出的具备以图搜图功能的产品	需要用户使用搜狗高速浏览器，在浏览器上安装插件才可使用	上传本地图片和添加网络上的图片
6	有道图片	http：//image.youdao.com/	由有道搜索提供服务	除了关键字检索，还可根据图片的尺寸、色彩模式等进行查找，尤其是数码照片的拍摄信息	关键字检索、图片尺寸、色彩模式检索

序号	名称	网址	数据库	特点	适用范围
7	CNKI 学术 图片库	http：//image.cnki.net/	图片库是对学术图片、表格基于内容的搜索，图表库分别包含500万张以上从文献中自动抽取的图形、表格，以及它们对应的标题、所在文献、作者、文献中对图表内容的阐述等，以此实现基于内容的图表搜索	检索时可进行图片检索，也可以进行相似检索，相似检索可以进行本地上传，以图搜图	由于其图片均是从学术内容中截取的，所以图片检出率不高

五、政府及其他公共组织类网站

政府网站和其他公共组织网站的资质一般较全面，信息较权威，发布和修改信息的审核机制较严格，其数据的真实性和稳定性较强（如表3-1-5所示）。

表3-1-5 政府及其他公共组织类网站检索资源

序号	名称	网址	网站性质	特点	适用范围
1	中国计算机行业协会	http：//www.chinaccia.org.cn/	主管部门为信息产业部，其会员单位囊括了中国著名的计算机企业	均为文字性的文章、新闻	对计算机行业的标准规范了解
2	深圳市工业设计行业协会	http：//www.szida.org/	非营利性社会团体，协会会员包括设计公司、产品制造商、工艺及材料商、品牌策划营销机构、设计院校、科研院所等	具有较多的行业资讯、媒体报道、设计竞赛展、经典案例等	较为前沿的设计活动和风格的了解，提供关键词检索
3	北京工业设计促进中心	http：//www.bidcchina.com/	直属北京科委，是政府推动设计创意产业发展的促进机构和具有独立法人资格的事业单位	设计政策指导、设计日历、设计研究等内容	设计流行趋势和设计作品的欣赏，提供关键词检索

序号	名称	网址	网站性质	特点	适用范围
4	中国农业机械化信息网	http：//www. amic. agri. gov. cn/	农业部农业机械化管理司主办	政策、新闻、补贴公告以及农机展示	农机产品展示可以开展产品的检索，网站提供关键词检索
5	江苏省农业机械化信息网	http：//www. jsnj. gov. cn/	省级政府类网站	政策、新闻、补贴公告以及农机展示	农机产品展示可以开展产品的检索，具有上传时间
6	国防部	http：//www. mod. gov. cn/wqzb/	政府类网站	新闻类信息占主要内容	通过图片新闻寻找部分武器类图片，进行简单的关键词检索
7	国家药监局	http：//www. sda. gov. cn/	政府类网站	新闻信息类	可通过关键词检索食品、药品、化妆品、医疗器械的准字号等

六、视频网站资源

视频类网站是指支持互联网用户在线发布、浏览和分享视频作品的网站。大多数视频网站经过注册审核之后，都可以自由上传自己制作或拍摄的视频资料，同时还会允许为视频资料命名、添加标签（关键词）等信息而有利于视频的搜索，上传的同时会显示上传的时间，且此时间不易被修改（如表 3 - 1 - 6 所示）。

表 3 - 1 - 6　视频网站检索资源

序号	名称	网址	特点	适用范围
1	优酷	http://www.youku.com/		关键词检索
2	土豆	http://www.tudou.com/		关键词检索
3	爱奇艺	http://www.iqiyi.com/	种类繁多，资源丰富	关键词检索
4	乐视网	http://www.letv.com/		关键词检索
5	腾讯视频	http://v.qq.com/		关键词检索
6	迅雷看看	http://www.kankan.com/		关键词检索

七、行业门户网站

行业门户网站更专注于某一业务领域的信息集合，资源相对集中。一般某行业的门户网站包括了这个行业的产、供、销等供应链以及周边相关行业的企业、产品、商机、咨询等信息。由于各行业都会有本行业的综合性门户网站，因此此类网站的数量庞大，下面就外观设计专利申请常见领域相应的综合性强、信誉高的网站做一个总结介绍（如表 3 - 1 - 7 所示）。

表 3 - 1 - 7　主要行业门户网站检索资源

序号	类别	名称	网址	网站资源简介	特点	适用范围
1		yoka 时尚网	http://www.yoka.com/	时尚生活门户，提供时尚奢侈品资讯报道，品牌动态，购物交流等服务；同时也是生活交流的主题社区	包含各大品牌的服装、化妆品、配饰等资源，资源丰富且完善；化妆品库包含有各大品牌产品的上架时间	网站信用度高，可检索服装、化妆品包装、配饰等时尚产品；适用于关键词检索
2	服装	美丽说	http://www.meilishuo.com/	社区型女性时尚媒体	涉及女装、女鞋、女包、配饰，销售产品展示类似与淘宝，有销售记录和购买评价时间	适用于女装、女鞋、女包、配饰的检索；适用于关键词检索
3		海报时尚网	http://www.haibao.com/	中文类时尚互动媒体形式，有11个频道，1个图片库和1个品牌库	涉及女装、女鞋、女包、配饰的海报资讯等时尚潮流信息，图片库的每个图片有公开时间，最早记录到2007年	适用于女装、女鞋、女包、配饰等时尚杂志中海报产品的检索；适用于关键词检索

序号	类别	名称	网址	网站性质	特点	适用范围
4	面料	中国面料网门户	http：//www. hifabric. com/	以纺织面料、辅料为主题的网站，提供各种梭织、针织、无纺布、皮革、辅料等产品供求、现货面料、资讯行情、展会信息以及品牌企业信息	产品专栏里，各类面料分类明确全面；各类面料产品均有公开的企业和公开时间信息	适用于各类面料的关键词检索；适用于面料检索公开时间的确定
5	家居建材	和家网	http：//www. 51hejia. com/	提供室内装修设计、家庭装饰、装潢咨询、装修建材导购、家电、新闻、行情等资讯，包括装潢、案例、资讯、论坛等栏目	通过装修案例的形式，给案例图片增加关键词的标签，有利于关键词查找图片；家居、室内装修建材类产品种类齐全	适用于家居类产品的关键词检索；能确定检索结果的公开时间
6		中国家具网	http：//www. szfa. com/	提供家具行业资讯，家具供求，家具促销，家具买卖，家具品牌等网络服务	家具类别齐全，分类详细全面，有更新时间，最早数据可制2007年	各类家居检索；关键词检索
7		中国办公家具网	http：//www. cn－office. com/	提供办公家具供求信息的平台	办公家具种类齐全，有发布时间	办公家具检索；关键词检索
8	首饰	中国珠宝行业网	http：//www. chinajeweler. com/	提供珠宝发展趋势、最新政策、科研鉴定、投资收藏等服务	包含各式珠宝，信息全面，网站检索功能不完善	不适合关键词检索；适合珠宝行业外观设计新动态的了解和浏览

序号	类别	名称	网址	网站性质	特点	适用范围
9	汽车	太平洋汽车网	http://www.pcauto.com.cn/	包含汽车评测，以及新闻、导购、维修、保养、安全、汽车论坛、自驾游、汽车休闲、汽车文化等方面的内容	汽车品牌和车型齐全；各款汽车整体、细节图片丰富；网页功能可实现车型外观设计对比；仅能确定车型款式的相应的年份，没有图片上传时间	适合关键词检索；适合车型外观设计分析对比
10		网上车市	http://www.cheshi.com/	同上	同上	同上
11		汽车之家	http://www.autohome.com.cn/	同上	同上	同上
12		卡车之家	http://www.360che.com/	提供卡车报价、卡车图片、卡车新闻资讯以及卡车论坛的综合性门户网站	卡车分类详细全面	适用于卡车和各种工程车的检索；适用于关键词检索
13		慧聪汽配网	http://www.qipei.hc360.com/	提供汽配资讯、行情、汽配产品和汽车零部件企业动态信息，也同时提供交易平台	产品索引全面、产品数量多，缺少公布或更新时间	适用于汽车各种零部件、配件的检索；适用于关键词检索

序号	类别	名称	网址	网站性质	特点	适用范围
14		中国家电网	http：//ac. cheaa. com/	具有家电类产品的资讯、销售等功能的综合型网站	产品无上架时间，新闻动态有更新时间	适合家电外观设计动态的了解和浏览；适合关键词检索，但效率较低
15	家电	太平洋电脑网	http：//www. pconline. com. cn/	专业IT门户网站，为用户和经销商提供IT资讯和行情报价，涉及电脑、手机、数码产品、软件等	各式家电产品种类齐全，数量多；有用户使用评价及其时间	IT类外观设计专利的检索；IT类产品现有设计的了解；IT类外观设计专利分析的参考；适合关键词检索
16		中国家电网	http：//www. chhea. cn/	中国家电协会主办面向家电产业和家电消费群的综合性行业门户，提供空调、电视、洗衣机、冰箱、厨卫电器、小家电等产品	各式家电产品种类齐全，数量多；没有上架时间或更新时间等信息	适合家电外观设计的浏览了解；可关键词检索，但是无公开时间
17	玩具	中国婴童玩教网	http：//www. toys. baobei360. com/	收录了全球数千个儿童玩具品牌资料，报道行业动态，提供经销加盟信息	玩具分类清晰、齐全；有公布时间	适合儿童玩具的检索；适合关键词检索

序号	类别	名称	网址	网站性质	特点	适用范围
18	玩具	中外玩具网	http：//www.ctoy.com.cn/	广东省玩具协会三大服务平台之一，约15万种产品信息	玩具数量大，更新快；玩具分类详细全面；新品上市有上市时间	玩具类外观设计专利的检索；玩具类产品现有设计的了解；玩具类外观设计专利分析的参考；适合关键词检索
19		中国玩具信息网	http：//www.cn-toy.cn/	中国玩具及相关行业综合信息较为齐全的网站	玩具数量大，更新快；玩具分类详细全面；有企业洽谈的有效期	玩具类外观设计专利的检索；玩具类产品现有设计的了解；玩具类外观设计专利分析的参考；适合关键词检索
20	文具	世纪文具网	http：//www.21wenju.com/	属于文具办公用品门户网站，提供学生文具办公文具批发采购平台，文具商人的生意平台和社区等	文具产品分类详细、种类全；有发布时间	适合学生用品、纸品本册、书写工具、办公收纳用品、礼品等和办公、学习有关的附属产品的外观设计专利检索；文具类产品现有设计的了解和专利分析的参考；适合关键词检索

序号	类别	名称	网址	网站性质	特点	适用范围
21	运动健身	中国健身器材网	http：//www.foeoo.cn/	为企业提供健身器材相关信息、产品查询、现货专区及商机发布、健身俱乐部为一体的大型电子商务平台	健身器材分类详细、种类齐全，有发布时间	适合户外健身器材、游乐设备（组合滑梯）、健身器材的检索和浏览；适合关键词检索
22		健身器材网	http：//www.cnqixie.com/	为企业提供健身器材相关信息、产品查询、现货专区及商机发布、健身俱乐部为一体的大型电子商务平台	健身器材种类没有中国健身器材网全面，数量少；有发布时间	适合户外健身器材的检索和浏览；适合关键词检索
23	灯具	中国灯具网	http：//www.edengju.com/	提供各类灯具及其配件的行业商贸门户，灯具企业宣传交流的平台	产品分类详细、种类齐全；有发布时间	适合户外灯具、室内灯具、灯具配件、彩灯照明、电光源类、以及其他产品（如输电材料、电池）等的检索和浏览；适合关键词检索
24	创意设计	创意在线	http：//www.52design.com/	创意征集、数字艺术设计领域垂直门户网，是设计类院校、企业的多元化的信息交流平台	创意作品齐全，其中作品集专栏展示的创意设计类别丰富，有更新时间	适合各类创意外观设计作品的检索和浏览

序号	类别	名称	网址	网站性质	特点	适用范围
25	创意设计	BillWang工业设计	http：//www. billwang. net/	工业设计业务与工业设计人才的对接服务平台，为业界提供工业设计需求对接、工业设计招聘、设计资讯、设计交流、设计品牌推广等专业服务	创意作品达1万多件，涉及种类较多，有作品上传时间；不支持作品搜索	适合各类创意外观设计作品的检索和浏览
26		中国工业设计在线	http：//ind. dolcn. com/	华人地区设计艺术专业网站、含工业设计、平面设计、数码设计、环境设计	各类工业设计大赛的资讯和获奖作品为主；不支持设计作品搜索	适合设计大赛的了解，掌握设计前沿动态

八、企业官方网站

企业官方网站是企业为塑造自身形象、宣传经营产品，扩大影响力而搭建的信息平台。它是企业面向全社会的窗口，搭建完善的企业官方网站通常包括新产品或新技术的展示和宣传。该类网站涵盖的工作类型多，信息量大，访问群体广，信息发布和更新需要多个部门共同完成，数据的真实性和稳定性也与相关企业的内部管理机制密切相关，因此，企业官方网站搭建的模式、完善的程度等质量层次不齐。通常较为大型的、知名的企业官网的信息量大，检索功能便利，公开日期的可信度较高。由于各行业企业官方网站数量庞大，网站搭建的形式千差万别，在此不予以一一推荐，如果需要这类资源了解外观设计的动态，通过品牌商标信息用搜索引擎查找出该公司的官网即可。下面举几个例子，说明该类检索资源的特点和适用范围（如表3-1-8所示）。

表3-1-8　企业官网检索资源举例

序号	名称	企业官网网址	数据库	特点	适用范围
1	乐高官网	http：//www.lego.com/	乐高集团是世界著名的玩具制造商，其销量始终列于世界10大玩具之列	拼砌玩具；不支持产品搜索，可以按照产品系列分类查找，没有上传时间	儿童玩具，尤其是拼砌玩具的检索和浏览
2	宜家家居	http：//www.philips.com.cn/	全球著名的家具家居用品商家，产品主要包括座椅/沙发系列，办公用品，卧室系列，厨房系列，照明系列，纺织品，炊具等系列家居产品	家具、家居类用品种类齐全，属于北欧设计风格，支持关键词检索，搜索功能完善，没有上传时间	适用于家居、各类家居用品的检索和浏览；适用于关键词检索
3	格力空调	http：//www.gree.com/	专业化空调企业	主要为空调和其他家用电器，支持关键词检索，没有上传时间	适用于家用空调、中央空调、热水器、其他生活电器的检索和浏览；适用于关键词检索
4	得力	http：//www.deli-stationery.com/	生产各类文具和办公用品，目前已成长为国内重要的综合文具供应商	主要为各类办公用，产品分类详细全面，支持关键词检索，没有长传时间	适用于办公用品的检索和浏览；适用于关键词检索

九、互联网档案馆

Internet Archive（IA）是于 1996 年创办的一个旨在记录互联网发展历史的公益计划，收藏有 1996 年以来数以 TB 计的互联网网站页面镜像、图文影像资料。可以在电脑上安装一个提供网站信息和排名的工具栏，查看某一特定网站过去（从 1996 年到现在）的样子。该网站在国外应用广泛，可作为网络证据保留的重要手段。但是，该运行网站（www. archive. org）并未向我国开放，需要通过互联网代理才能正常登录国外网站，使用不便。

中国 Web 信息博物馆是在国家"973"和"985"项目支持下，北京大学网络实验室开发建设的中国网页历史信息存储与展示系统。目前已经维护有 40161979508 个网页。主要收录以中文为主的网页，存档信息的数据规模尚需进一步扩大，目前网站 http：//www. infomall. cn/ 还在试运行阶段，适用性仍存在较大的提升空间（如表 3 - 1 - 9 所示）。

表 3 - 1 - 9 互联网档案馆检索资源

序号	互联网档案馆	特　点	适用性
1	Internet Archive	IA 是目前世界范围内对互联网档案资料保存历史最久远、保存范围最广、保存内容最完整的机构	运行网站 www. archive. org 并未向我国开放
2	中国 Web 信息博物馆	主要收录以中文为主的网页，存档信息的数据规模尚需进一步扩大	目前还在试运行阶段

十、其他

除了上述网站的形式，还有论坛、博客、微信等网络交流平台可以获得信息。但是，由于这类网站重点针对的是人与人的交流，存在信息公开零散、不系统，公开的信息不全面、且容易被修改或删除的现象，因此，对于外观设计专利检索来说这类网站不具有太大意义。但是，也不排除这类网站对外观设计专利信息的全面公开和讨论。因此，下面列出少数比较知名的网站，并做一个简单的介绍予以参考。

（一）论坛

论坛（又称 BBS）是一种交互性强、内容丰富而及时的 Internet 电子信息服务系统，用户在论坛上可以获得各种信息服务、发布信息、进行讨论等。其中，综合类论坛信息量大，天文地理、人情冷暖等信息涉及广、数量大，如天涯论坛、猫扑论坛、新浪论坛、搜狐论坛等。

如果直接针对该类论坛进行检索，由于信息都是星星点点不全面，效率太低。如果有相应的外观设计专利信息，则可通过搜索引擎获得。

另外，专题类的论坛针对性较强，比较综合类论坛，均是针对某类产品或事情展开，比较有利于信息的分类整合和搜集，如汽车论坛、建筑论坛等。虽然这一类论坛讨论的核心相对集中，但是也有公开信息零散的缺点，因此不推荐针对此类网站专门检索，如果在搜索引擎中搜索出相关公开信息的除外。

（二）博客、微博、SNS、电子邮箱和及时交流工具

博客（Blog）又译为网络日志、部落格等，目前中国主要有新浪博客、搜狐博客、网易博客、腾讯博客、博客中国等。微博客（以下简称微博）作为博客的再发展，目前国内较有名的有新浪微博、搜狐微博、网易微博、腾讯微博等。SNS 即社交网络或社交网，目前著名美国大学生的社交网站 Facebook，以及我国的人人网。另外，Facebook 暂时未对我国公众开放。

上述类型的网站，属于互联网中个人展示的平台，用户数量多，网站信息量巨大，而且是由新到旧的信息刷新、排列方式，若专门针对该类网站检索，干扰信息过多，检索能效较低，所以不推荐专门针对这类网站进行检索，如果在搜索引擎中搜索出相关公开信息的除外。

电子邮箱可以自动接收网络任何电子邮箱所发的电子邮件，内容包括电子信函、文件数字传真、图像和数字化语音等各类型的信息。目前我国常用的电子邮箱服务提供商有网易邮箱、QQ 邮箱、263 等。及时通信是一种终端服务，目前在中国流行的及时通信软件有微信、QQ、阿里旺旺、网易泡泡、飞信等。

电子邮箱和及时通信的重点也是人与人的交流，及时通信工具大多包含有个人空间的展示。电子邮箱属于隐私空间，有密码工具。及时通信工具无论是交流信息或个人展示空间，都有由用户决定的是否公开的权利。因此，上述类型的终端服务不适合检索，不予以考虑。

第二章 互联网资源对非专利文献的补充
——以淘宝网为例

第一节 淘宝网络证据在外观设计审查中应用的现状

在外观设计专利审查工作中，网络证据的应用涉及无效宣告、评价报告和初步审查三个不同的审查环节。其中，在无效宣告审查程序中，使用网络证据主要考虑真实性和公开性两个因素，其中真实性主要考虑网站的公信力、上传和修改的机制、形式是否完备等；公开性主要考虑公开的形式和目的，以及公开的时间❶。在初步审查和评价报告中，暂时没有明确规定，实践中一般参考借鉴无效宣告审查程序对网络证据认定的经验和标准。综合来看，只要网络证据满足真实性、公开性两个要素，均可在无效宣告、初步审查和评价报告各阶段的审查程序中被采纳。这里，以淘宝的网络证据应用到评价报告为样本，分析其在外观审查中的应用现状。

淘宝网站设置了商品详情、买家评价等页面，主要是为了方便吸引消费者购买商品，为消费者提供商品信息和交易信息。其中，商品详情这一网页主要上传商品的图片、价格、交易数量等相关信息，但不显示上传时间这一关键信息，因此该网页不满足网络证据公信力这一要素，不能作为网络证据应用到评价报告中。买家评价这一网页是专门为消费者设置的，商家不具有修改的权限，但是在该网页上设置了消费者评价上传的时间，只要消费者在评价已购买商品时，对商品的拍摄角度和数量满足公开充分，就满足真实性和公开性两个要素，可以作为网络证据应用到评价报告中。因此，目前在外观设计的审查实践中，使用淘宝网站上的数据作为网络证据的都是买家的晒

---

❶ 张颖. 外观设计无效宣告程序中网络证据的采信规则探讨［J］. 装饰，2016（5）：70-71.

图评价。

取样 2015~2016 年的外观设计专利权评价报告处理结论，初步统计网络证据约占所有 X 类文件（X 类文件是指：单独导致外观设计专利不符合《专利法》第二十三条第一款或第二款规定的文件❶）的 28%，其中，淘宝晒图评价占据了网络证据近 41% 的比例。可见，一方面，网络证据在评价报告审查中所占比例不高，其中一个原因就是在庞大的网络数据中检索到可用的证据难度大；另一方面，淘宝晒图评价在网络证据中所占比例较高，充分说明了淘宝网站可用资源的数量大，在获取外观设计专利相关证据方面发挥了重要的作用，淘宝网作为重要的网络检索资源亟待进一步挖掘其潜能。

第二节　淘宝检索资源的现状

淘宝网站（www. taobao. com）是由阿里巴巴集团在 2003 年 5 月 10 日投资创立的电商购物平台，目前已逐渐发展成为我国网络零售平台的龙头。截至 2014 年，淘宝网站注册会员已经有超 5 亿人每天有超过 1.2 亿的活跃用户，在线商品数达到 10 亿件，累计交易额总额超过了 1.5 万亿❷。淘宝网站销售的产品类目包括居家日用品、服装配饰、家具、电器等各类大小商品，具有物品种类多、销售数额大的特点，是网络证据的重要检索资源之一。

一、淘宝商品的分类体系

淘宝网站类目体系中的大类划分基本稳定，较长时间保持不变，共包括两种分类体系：一是采用等级列举式建立的类目体系，这是淘宝网的主要类目体系；二是采用列举－组配式建立的类目体系，这是淘宝网辅助的类目体系，即将商品体系组织成一个树状结构，按照划分的层次逐级列出详尽的商品信息❸。

---

❶ 中华人民共和国国家知识产权局. 专利审查指南［M］. 北京：知识产权出版社，2010（1）：502.

❷ 数据来源于百度百科。

❸ 王博文，詹刘寒，李敏，等. 淘宝网首页类目体系探析［J］. 知识管理论坛，2013（4）：33－37.

淘宝网站的分类采用直观的文字形式，并未采用编号或者类目标识符，主要是方便普通消费者使用。各级分类的最底端，最终体现在商品上的分类信息是并列各个特征的名称集合，方便用户搜索时能更多地提取到相应的商品。例如，下述商品的名称信息：

商品1：韩国正品lock乐扣/收纳箱/牛津布/钢架/百纳箱/衣物整理盒袋/储物箱。

商品2：Contigo真空不锈钢保温杯/男吸管水杯/户外女士便携保温壶/学生杯子。

上述商品的名称集合了产品商标、适用人群、材质、结构、使用效果等信息，并且并行的同义词也同时罗列。

二、淘宝商品销售的网页架构

淘宝商品的销售界面主要由两部分组成：上半部分包括检索查询入口、店铺信息、店铺分类层级、商品照片、商品名称价位等信息，下半部分包括"宝贝详情""累计评论"等其他商品相关信息，其中"累计评论"界面显示销售商品的历次评价信息。评价也分为两种类型：单纯文字型和文字带图型，文字带图型评价是指消费者在购买商品之后对商品拍照上传图片，并且附有文字评论的功能。淘宝的"累计评价"中可以有选择地仅查看带图片评论的功能。无论上述那种类型的评论，其下方均有系统标记的评论上传时间（如图3-2-1所示）。晒图评价点击相应图片可以放大查看（如图3-2-2所示）。

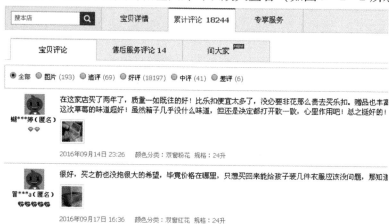

图3-2-1　淘宝网页评价模块

在这家店买了两年了，质量一如既往的好！比乐扣便宜太多了，没必要

这次草莓的味道超好！虽然箱子几乎没什么味道，但还是决定都打开服

↑收起　⊞原图　↺向左转　↻向右转

2016年09月14日 23:26　颜色分类：双窗粉花　规格：24升

图 3 - 2 - 2　晒图评价图片放大功能

三、淘宝网站的检索功能

1. 关键词检索

淘宝的搜索功能支持关键词检索，关键词之间空格表示或的关系。检索
入口如图 3 - 2 - 3 所示。

图 3 - 2 - 3　淘宝网页搜索模块

2. 图形检索

淘宝搜索功能还支持图形检索。点击图 3 - 2 - 4 中搜索框里的相机图标
"📷"，可以选择上传本地图片进行检索。如果本地图片中产品不突出，或者
占比较小，可以通过框选主体的功能"□框选主体"进行裁剪。

四、淘宝手机客户端的拍立淘检索功能

淘宝的手机客户端有"拍立淘"的搜索功能，该功能是通过手机相机实
现，通过图 3 - 2 - 5（a）上方搜索框处的相机，用"拍照识别"功能对准拍
摄之后即可获得图形检索，如图 3 - 2 - 5（c）的检索结果；或者在其右侧的
"扫描识别"对准物体或图片，也可以获得类似的检索结果。"拍照识别"和
"扫描识别"的区别在于，前者会留有本地照片，后者没有本地存储，匹配的

工作直接在网络服务器完成。

图 3－2－4　淘宝图形搜索结果显示界面

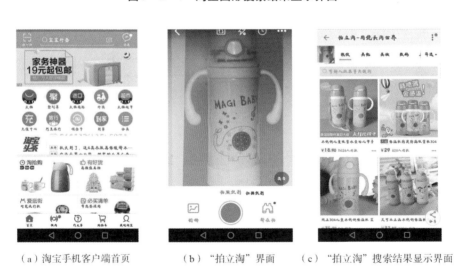

（a）淘宝手机客户端首页　　（b）"拍立淘"界面　　（c）"拍立淘"搜索结果显示界面

图 3－2－5　"拍立淘"各级搜索界面

通过手机客户端检索到目标商品后，可以再次通过淘宝网页版翻找可用的晒图评价证据；或者通过查看手机客户端的检索结果，再次确定关键词之后，在网页版进行关键词检索，也可以达到确定检索目标的效果。

五、晒图评价

淘宝的评价模块，包含有查找全部评价，或者选择带有图片的评价、有追加的评价，或者对好评、差评等不同性质的评价作出筛选（如图 3 - 2 - 6 所示）。此外，评价模块还有评价排序功能，有"最近评价"和"推荐评价"两个排序的模式。"最近评价"是按照时间的排序，"推荐评价"是系统对评价筛选后的排序，和时间没有必然关联，评价的时间具有随机性。

图 3 - 2 - 6　淘宝评价类别选项和排序功能

评价单页显示最多为 20 条，超过篇幅需要翻页（如图 3 - 2 - 7 所示）。淘宝最多显示 5 页的页码，如果想要从最早的评价日期翻找，从第 5 页开始需要逐页下翻（如图 3 - 2 - 8 所示）。

图 3 - 2 - 7　淘宝评价前 5 页翻页功能

图 3 - 2 - 8　淘宝评价 5 页以后的翻页功能

第三节　淘宝检索资源的局限性

一、晒图评价不能直接按最早时间排序

如上节内容所述，淘宝的评价条目排序只有两个排序方式，其中"最近评价"和评价时间有关，但是该排序显示的是最近的时间。同时，在翻页方面，由于网页设置面向的是各种类型的消费群体、不是专业的检索人员，其设置不能直接翻到最后一页。目前，在众多评价记录中查找早于申请日公开的信息，必须手动逐页下翻。如果检索信息涉及销量较好的商品，评价记录

可能会达到上万条，这时检索效率非常低，经常会翻到最后也未能找到可用的公开信息。因此，该晒图评价网页功能的设置一定程度上限制了外观设计检索的效能。

二、评价记录在服务器上的存储时间短

淘宝中一些月成交量大的商品，其评价的信息量也会随之成交量的上升而增大。淘宝网站的管理方可能考虑到信息存储成本、评价记录使用时限等因素，网站针对这类商品评价记录的存储，通常保留时间在六七个月，因此在检索过程中很难查找到这类产品最早开始销售的时间记录。遇到一些明显抄袭，但是由于网站系统的限制不能查找到最早公开销售时间的证据，严重影响了外观设计审查的质量和效能。

三、图形检索对绘制视图的识别度较低

由于淘宝网站是一个商品交易网站，考虑的首要因素是方便商品销售。因此，在设置图形检索功能时，主要是针对实物、照片进行开发的，对于绘制视图（如图 3-2-9 所示）几乎检索不出来（如图 3-2-10 所示）。但是，在外观设计专利文献中，绘制视图占据着较大的比例。因此，使用淘宝网站检索网络证据时，以绘制视图方式提交被检索对象，只能依靠关键词进行检索。

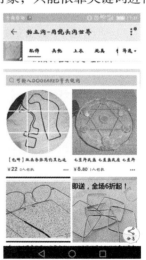

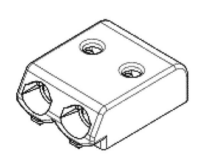

图 3-2-9　已公告外观设计专利　　图 3-2-10　"拍立淘"检索结果
　　　　　"插入式电连接器"

第三章　使用网络证据需要注意的问题

随着互联网的高速发展，使用网络证据越来越多、越来越频繁。但是作为证据类资料，在使用网络证据之前，应当和其他证据类型一样，要确认证据的真实性、关联性和合法性。

第一节　网络证据的真实性和公开时间的认定

对于网络证据而言，最为重要的是要确认网络证据的真实性和公开时间的认定。网络证据是互联网发展的产物，与其他证据不同，网络证据是计算机语言形成的，有着可变性、可修改性、无形性等特点。所以不论是在检索实践、审查实践以及司法实践中，网络证据的真实性以及公开时间的认定均存在一定的困难。

《专利审查指南》仅对网络证据的公开时间的认定有所说明：公众能够浏览互联网信息的最早时间为该互联网信息的公开时间，一般以互联网信息的发布时间为准❶。对网络证据的真实性的判断应当考虑信息发布可靠来源的可信度、信息产生、存储、交流的方法或方式的可靠性、互联网信息的属性和品质等因素。一般来说，来自信誉度较高的网站的信息具有较强的证明力，电子邮件、交互式交流工具、新闻组、个人网站发布的信息的证明力较低。

对于公开时间的认定，在确认网站真实性的基础上，使得公众能够浏览且认为该信息是互联网公开的最早时间，则可认为网页发布的信息时间就是公开时间。

---

❶　中华人民共和国国家知识产权局. 专利审查指南［M］. 北京：知识产权出版社，2010：153－155.

一、知名网站（可信网站）

检索出的对比文件属于知名度较高的可信网站公开的信息，如果没有证据表明该网站的所属者或者管理者与申请人之间存在利害关系，即没有相反的证据推翻该公开的信息的真实性，一般情况下认为该公开的信息是真实可靠的。

二、不知名网站（不可信网站）

检索出的对比文件属于知名度较低的不可信网站的公开信息，检索人员可以将其作为网络对比文件予以初步采用。但是，如果有证据表明该网页发布的信息相关人员可以对其随意修改的，该证据不可采用。

三、百度快照（时间不可修改）

百度作为知名的搜索网站，"百度快照"是百度网站自动随机抓取留存的一些网络信息页，每条"百度快照"链接下方的时间即为抓取留存相关信息的时间，该时间是自动记录的，因此其内容及时间通常是可信的。

四、网站晒图（时间不可修改）

购物网站的晒图比较常见的是：淘宝、天猫页面中的"累计评价"中的"图片"、亚马逊网站上的评论时间、百度贴吧中的发帖晒图、新浪微博的晒图以及微信公众号中的晒图等时间不可更改的证据，一般是可信的。

第二节　无效宣告程序中的网络证据

无效宣告程序中最终认定的网络证据，是通过严谨分析、严格认定的。因此，通过无效宣告程序中网络证据的认定情况能够反映出目前相应网站的网络证据的可信度情况，用以检索资源选择时的参考。

目前在无效宣告审查程序中，网络证据的使用越来越频繁。该程序中距不完全统计，网络证据的采信率大约可达到8%的比例。可见，网络证据也是目前无效宣告程序中不可忽视的一个方面。

为了进一步说明，现从 2014 年 1 月至 2016 年 10 月涉及网络证据的外观设计无效宣告请求审查决定中选取较具代表性的案例，具体解读和分析不同类型网站所涉及网络证据的判断方式，为相关工作人员提供参考。

一、案例 1——对微信公众平台信息的认定 ❶

该专利权无效宣告请求涉及名称为"沙发（AL45031 – 3AEP）"的外观设计专利，请求人提交的网络证据形式为微信公众平台公开的信息。

专利复审委员会认为，微信公众平台是腾讯公司在微信的基础上建立的功能模块。腾讯公司作为我国大型互联网综合服务提供商之一，其信誉度较高，系统环境也较为稳定可靠。就微信公众平台的使用而言，虽然微信公众号一经取得后由账号管理者负责信息的发布，但是微信公众平台本身所提供的交互式功能的操作也较为规范，对发布信息有着规范管理，其中发布时间均是由系统自动生成，发布者不能更改。

证据认定如下：

证据 1 为微信公众平台发布的文章的打印件。专利权人对证据 1 的真实性、合法性不认可，认为证据 1 是网页打印件，可修改，不是合法的证据形式；微信公众号是商家推广自己的产品所用，不是独立客观权威的网站，不具有稳定性，其内容随时可修改、更换。口头审理当庭由合议组提供电脑，通过在搜狗微信搜索中搜索文章标题获得相关网页。专利权人亦对搜索结果与证据 1 内容的一致性表示认可。

证据 1 所示网页除了标题、发布时间、发布者及正文内容外，其篇末还包含有"微信号：CAMILLOJJ""微信扫一扫""关注该公众号""分享到朋友圈"等信息，双方当事人均认可证据 1 为微信公众平台发布的文章。

微信公众平台文章的发布一般需经由公众号在其发布时进行一对多的方式进行推送，进而公开；此外，通过搜狗微信搜索功能搜索相关的微信公众号及文章并进行浏览，也可实现为不特定人群及时获知。就本案而言，通过口头审理当庭演示可知，在搜狗微信搜索中输入证据 1 文章标题即可获得相同的页面，即证据 1 所示文章在其发布后即已公开，基于上述内容且在无反证予以推翻的情况下，可以确定证据 1 的来源合法、可靠。

---

❶　专利复审委员会第 27002 号无效宣告请求审查决定书。

关于证据1是否经过修改及证据1的公开时间，合议组认为：首先，微信公众平台所提供给公众号的交互式功能的操作一般较为规范，证据1属于微信公众号已群发的文章，对于这类已群发的文章而言，无法对其内容进行修改，但可以将其删除。其次，从案件编号为6W105685、6W105703、6W105679的口头审理当庭使用"卡米罗国际家居"微信公众号对某一文章进行的修改操作后获得的结果验证可知：①微信公众平台给予公众号对已发表文章的修改权限，可对文字及图片进行修改，但是发布时间无法修改；②在修改后重新发布即生成新的发布时间及新的文章，而原文章已无法通过搜狗微信搜索浏览到。从以上可以看出，发布时间由系统自动生成，原文章经修改操作发布后，即由系统生成新的发布时间，且原文章被删除，即请求人通过当庭演示证明，对于原文章来说除了删除外无法作修改。

就本案而言，通过口头审理当庭演示可知，在搜狗微信搜索中输入证据1文章标题即可获得相同的页面，即证据1所示文章在其发布后即已公开，基于上述内容且在无反证予以推翻的情况下，可以确定证据1的来源合法、可靠。

因此，对微信公众平台发布的信息的真实性及公开时间得到认可。

二、案例2——淘宝交易快照＋公证书❶

该专利权无效宣告请求涉及名称为"蝶形枕"的外观设计专利，请求人提交的网络证据形式为淘宝网的交易快照。

专利复审委员会认为，淘宝天猫网是知名的大型交易网站，在淘宝天猫网上购买的产品，作为第三方的淘宝天猫网会通过快照的形式将买卖双方发生交易行为时的产品信息及销售时间固定下来，其目的是作为买卖双方发生交易的凭证，买卖双方和其他人一般都无权编辑和修改快照所记载的内容，在无其他反证可以证明快照所示信息被修改过的情况下，其真实性可以确认。

三、案例3——天猫评价晒图＋公证书❷

该专利权无效宣告请求涉及名称为"糖果盒"的外观设计专利，请求人

---

❶ 专利复审委员会第29668号无效宣告请求审查决定书。
❷ 专利复审委员会第29671号无效宣告请求审查决定书。

提交的网络证据形式为公证书公正的天猫网络证据。

专利复审委员会认为，天猫商城为第三方的大型知名网站，信誉度较高，管理机制也较为规范，其网页所显示的买方评论时间由其服务器自动生成，一般无法修改，在无其他反证可以证明上述评价信息被修改过的情况下，上述评价的真实性可以确认，同时所示产品的评价时间早于涉案专利的申请日，其构成专利法意义的公开。相比涉案专利与对比设计的相同点而言，两者区别不容易引起一般消费者的关注，不足以对整体视觉效果产生显著影响，两者不具有明显区别，因此，涉案专利不符合《专利法》第二十三条第二款的规定。

证据认定如下：

证据 1 为公证书原件，形式上无瑕疵，专利权人对其真实性没有提出异议，故合议组对证据 1 公证书本身的真实性予以确认。

证据 1 公证书的公证事项为网页保全，主要内容是请求人于某日在北京市某公证处操作公证处的电脑登录"天猫商城"网站搜索系列"糖果盒"商品获得相关网页的过程。根据公证书依法具有的证据效力，能够确认证据 1 内所示"天猫商城"相关网页内容的合法来源和公证当时的真实存在。

证据 1 的公证书附件第 8 页上图显示了天猫商城买家对产品作出评价并上传了产品图片，日期为某日。合议组认为，证据 1 所涉及的网站为天猫商城，其为第三方的大型知名网站，信誉度较高，管理机制也较为规范。网页所显示的买方评价时间均由其服务器自动生成，一般无法修改。在无其他反证可以证明上述评价信息被修改过的情况下，上述评价的真实性可以确认。由于上述内容通过搜索即可获得，且天猫商城的买家评价信息是对所有人公开，为其他买家购买该商品提供参考信息，因此可以认定上述评价中所示的图片在其评价日即处于公众想得知即可得知的状态，构成专利法意义的公开。因上述评价时间均早于涉案专利的申请日，上述评价中所示的图片中的产品可以作为现有设计用以评价涉案专利是否符合《专利法》第二十三条第二款的规定。

四、案例 4——百度文库＋公证书❶

该专利权无效宣告请求涉及名称为"端子台（T001）"的外观设计专利，

请求人提交的网络证据形式为百度文库。

专利复审委员会认为，上传至百度文库的免费文档存在普通文档和私有文档两种不同设置方式，普通文档对所有人公开，私有文档仅个人可见，两种方式可以随时进行切换而文档的上传时间保持不变。在没有其他证据的情况下，仅凭证据1及其公证书不能确定所述文档在涉案专利申请日前即已公开，其不能作为评价涉案专利是否符合《专利法》第二十三条第二款规定的证据使用。

证据认定如下：

上传至百度文库的免费文档有两种不同的设置方式：普通文档和私有文档，普通文档对所有人公开，任何人都可以看到文档内容，而私有文档仅个人可见，其他人都无法看到文档内容。也就是说，这两种不同的设置方式对应着两种不同的公开状态，且两种公开方式可以随时进行切换而文档的上传时间保持不变，并且在文档初次上传之时即可对其公开方式进行选择设置。对于上述经当庭演示予以验证的百度文库中文档的公开方式，请求人未予否认，在无相反证据的情况下，合议组予以确认。因此，证据1及其公证书中所示文件的上传时间仅能证明在公证当日该文档处于所有人可见的公开状态，并不能确认其在涉案专利申请日前的公开情况。虽然请求人主张文章标题的下方显示该文档已有14人评价，1423人阅读以及39次下载，但其在提交无效宣告请求及1个月内未提交评价的相关内容，不能确定评价时间。因此，在没有其他证据的情况下，仅凭证据1及其公证书尚不足以确定文件在涉案专利申请日前处于公开状态，证据1不能作为评价涉案专利是否符合《专利法》第二十三条第二款规定的证据使用。

五、案例5——图片素材库＋公证书＋搜索引擎❶

该专利权无效宣告请求涉及名称为"酒瓶"的外观设计专利，请求人提交的网络证据形式为昵图网＋公证书＋搜索引擎。

专利复审委员会认为，公证书中所涉及的网站知名度及信誉较高，其上所载图片的上传时间及内容可信度较大，另外根据百度搜索和有道搜索结果也可以对上述网站内容的真实性加以佐证。综合本案的相关证据，合议组对该网站图片的上传时间及内容的真实性予以采信。

---

❶ 专利复审委员会第28443号无效宣告请求审查决定书。

证据认定如下：

证据3公证书的复印件与原件一致，专利权人对于公证过程的真实性无异议，合议组对公证过程的真实性予以认可。经合议组核实，昵图网成立于2007年1月1日，是设计/素材网站、图片素材共享平台，Alexa全球综合排名第962位，中文排名第133位，中文网站200强，是中国设计素材行业的知名网站。因此，根据该网站的性质及信誉，其上所载图片的上传时间及内容的可信度较大；另外，根据百度搜索所示内容也表明该网站确实在2010年10月10日前上传过该图片，这一点和昵图网上所显示的上传时间及图片编号可以对应；最后，证据3还使用了有道搜索，通常快照更新时间是指该索引时间，也就是搜索页面显示的搜索时间，快照时间在图片的上传时间之后符合快照的形成机制，而且该搜索结果的指向与百度搜索的结果指向一致，因此证据3中有道搜索的过程也可以佐证昵图网上该图片的上传时间及真实性。综上所述，在没有相反证据的情况下，综合分析证据3公证的百度搜索和有道搜索过程，合议组对于证据3中搜索出的昵图网上的老北京图片的上传时间及其内容予以采信，由于该上传时间早于涉案专利的申请日，即该图片已经在申请日前公开，因此该图片上显示的图案可以作为涉案专利的现有设计评述，符合《专利法》第二十三条第二款规定。

六、案例6——论坛＋其他网络印证●

该专利权无效宣告请求涉及名称为"前置过滤器（DJS－1－3T）"的外观设计专利，请求人提交的证据为搜狐家居网装修论坛上的网页内容和其他网络印证的内容。

专利复审委员会认为，本案涉及搜狐家居网装修论坛上的网页内容，鉴于搜狐家居网的网站信誉和业界知名度，以及其由独立第三方经营管理，在无证据表明请求人与发帖人、论坛管理员存在利害关系，且当庭搜索到的网页与请求人提交的网页的核心信息一致，且多个跟帖的回复时间与发帖时间相隔不远且跟帖时间连续，以及没有相反证据的情况下，可以确认该网络论坛发帖信息和发帖时间的真实性。此外，另两份网页证据公开了与搜狐家居网装修论坛公开的同一款产品，在当庭搜索到的网页与请求人提交的网页证

● 专利复审委员会第27539号无效宣告请求审查决定书。

据的核心信息一致，且商品的上架时间与搜狐家居网装修论坛相关网页的公开时间均相差不远，且没有相反证据的情况下，上述网页证据之间相互印证，可以证明对比设计产品在涉案专利的申请日前已经通过网络公开，其中图片所示的外观设计可以作为涉案专利的现有设计。

证据认定如下：

搜狐焦点家居网（http：//home. focus. cn）是中国领先的房地产家居在线服务平台，为用户提供买房、卖房、租房、装修、金融全方位一站式在线交易服务，是搜狐门户矩阵的重要成员之一，其下设装修论坛、设计论坛、装修日记等多个模块，是具有较高人气的家居、装修门户，在业界具有较高的信誉和知名度。虽然当庭搜索到的网页与请求人提交的证据 5 的网页在标题旁存在有无吊灯的差异，但核心内容完全一致，因此可以证明证据 5 的发帖是真实存在的。关于证据 5 所公开的内容与图片有无修改，帖子的发表时间是否代表公开时间，合议组认为：搜狐焦点家居网是知名的家居装修门户网站，由独立第三方经营管理，在无证据表明请求人与发帖人、论坛管理员存在利害关系，且当庭搜索到的网页信息的核心信息一致，且帖子后的多个回复时间也与发帖时间一致，还存在着多个时间连续一直至 2013 年的回复，因此在没有相反证据的情况下，可以确认该网络论坛发帖信息和发帖时间的真实性。另外，证据 6、7 涉及环球经贸网和环球厨卫网两大 B to B 电子商务平台，虽然证据 6、7 所显示内容与合议组当庭验证的网页内容存在一些差异，但该差异仅涉及到网站的广告内容，证据 6、7 的主体内容是可以核实到，且相互一致的，此外根据日常生活常识也可以知晓作为销售类的网站，网页上的广告时常更换是符合生活常理的，证据 6、7 的网站所销售的霍尼韦尔 FF06 过滤器的上架时间证据 5 的网页公开时间相隔不远，因此在没有相反证据的情况下，证据 5～7 相互印证，可以证明上述网页证据所涉及的霍尼韦尔 FF06 过滤器在涉案专利的申请日前已经通过网络公开，因此其中图片所示的外观设计可以作为涉案专利的现有设计。

七、案例 7——央视网视频＋公证书❶

该专利权无效宣告请求涉及名称为"打蛋器"的外观设计专利，请求人

---

❶ 专利复审委员会第 27539 号无效宣告请求审查决定书。

提交的证据为央视网公开的新闻视频截图。

专利复审委员会认为，本案涉及的网页证据是央视网公开的新闻视频截图，其来源较为可信，其发布时间由服务器自动生成，自发布时起即公开于网络，修改的可能性小。在专利权人没有提交足以推翻的相反证据的情况下，合议组对该证据的真实性和公开时间予以认可。

证据认定如下：

证据 8 是公证书，公证了央视网第一时间看天下的一则视频截图，其具体过程为进入百度，搜索栏输入鸡蛋混合器，点击"第一时间 看天下：鸡蛋混合器 经济频道 央视网（cctv.com）"的链接，进入相关页面，播放该视频并截取若干相关页面，将上述页面制作 Word 文档复制打印作为公证书附件并将该文档刻录光盘封存。

专利权人对公证书本身真实性没有提出异议，但认为公证的网页属于时时更新的网页，仅能证明公证当时的情况，应提供网页发布时间及内容无修改的证据。

合议组对公证书原件进行核实后认为，该公证书公证过程连续严谨，文字信息与附件图片对应，图片清晰，公证内容无明显瑕疵，可确认公证书本身真实性。有关央视网视频的真实性和公开时间，合议组认为：互联网信息证据的证明力一般应当考虑信息发布来源的可信度，信息产生、存储、交流的方法或方式的可靠性。央视网作为中央电视台发布节目信息和内容的网站，其可信度较高；而本案涉及的具体视频是中央电视台经济频道播出的面向全国观众的新闻类节目，发布时间通常是由服务器自动生成，自发布时起即公开于网络。对于新闻来说，内容真实性是其基本要求，从其发布目的和机制上来说，修改的可能性小。尽管专利权人由网页时时更新的参数质疑网页存在修改的可能性，但网页调整版面或侧栏广告更新等常见现象会使得网页参数发生变化，这并不意味着该网页播出的新闻节目有所修改，在没有足够的相反证据证明上述新闻视频被修改过的情况下，专利权人的异议不能得到支持。

基于上述理由，合议组对证据 8 所公证的"第一时间 看天下：鸡蛋混合器"视频截图的真实性予以确认，其上载明的发布时间即为该视频的公开时间，此时间在涉案专利的申请日之前，其中所示的外观设计可以作为涉案专利的现有设计，评价涉案专利是否符合《专利法》第二十三条第二款的规定。

第四部分

外观设计专利检索要素及步骤

　　本书在第二部分和第三部分中分别详细介绍了外观设计的专利文献和非专利文献的检索资源。在现有检索资源的基础和条件限制下，本书结合外观设计的特点，从检索前的准备阶段入手，重点解构外观设计的检索要素，选定恰当的检索范围，最终结合被检对象的实际情况，实现外观设计检索效率的提升。

第一章　检索前的准备

第一节　现有设计群的构建

外观设计产品涉及的领域广泛，在初次接触到某一领域的产品时，不能准确地把握其设计特点及风格，也不具备专利审查指南所称一般消费者的能力，这就应当在检索之前了解被检索对象所属领域的设计现状和流行趋势，即在检索前需要构建现有设计群，才能够进行有效、相对准确的检索和判断。

一、设计现状

设计现状就是该领域产品现阶段的设计状况，对于产品设计来说，产品功能、技术、造型三方面决定着产品的设计。随着功能需求的变化、技术的进步、造型的流行趋势的变化，不同阶段会有不同产品设计风格，因而也就形成了产品的流行趋势。

二、构建现有设计群

针对不同的产品领域，可以有不同的构建方法。如果其中一种产品，功能和技术较为固定，没有出现突破创造性的改变，那么它的现有设计群只是在造型上进行不断的改变，这类的产品可以按照时间轴来构建现有设计群，如汽车类产品❶（如图 4 - 1 - 11 所示）。

---

❶ "一次换代 一步飞跃 详解奥迪 A4 历史" ［EB/OL］. 中国汽车网，2008 - 11 - 14.

1972   1978   1986   1991   1996   2000   2004

图4-1-1 汽车外观设计随时间的演变

如果其中一种产品，技术上有很大的突破，那势必会使得产品的设计特征会发生明显变化，对于电子产品而言，当今日新月异的新技术对于拓展其设计空间具有更大作用，如电视机，由于显像技术的突破性发展，电视机在形状上发生了很大的改变。像这类产品，我们可以按照产品的造型来构建现有设计群（如图4-1-2所示）。

图4-1-2 电视机外观设计随技术更新的演变

三、设计特征的分析

在选定现有设计群构建方法后，可以将该类产品的图片依照一定顺序排列到一起，这样能更直观地分析现有设计，通过整体观察分析出现有设计的设计特征。

（1）在考虑每种特征对产品整体视觉效果影响的权重时，应该忽略那些由功能唯一限定的特征，而除此之外的每个特征都必须与现有设计库进行对比，并从设计空间的角度进行考量；

（2）如果一项设计的所有特征都是出于技术考虑的，那么，产品的设计就是由技术功能唯一限定的；

（3）对于现有设计库中已有的设计特征，要考虑其在现有设计库中常见的程度，且如果有其他设计存在，就不能视其为司空见惯的设计特征；

（4）现有设计库中已有且较为常见的设计特征，会降低两个设计之间在该特征的一致性对产品整体视觉效果的影响。

第二节　分析申请文件

外观设计专利申请文件，主要包括请求书、外观设计图片或照片以及简要说明，检索之前应当将上述文件进行全面的分析，以便确定全面、准确的检索要素。

一、申请文件

（一）请求书

请求书中产品名称、申请人和联系人信息，均是检索时有用的关键信息。

（二）外观设计图片或照片

外观设计图片或照片中显示的外观设计，可以从形状、图案以及色彩的设计要素来分析检索要素。

（三）简要说明

简要说明的用途和设计要点的内容，也是确定检索要素的重要来源。

（四）其他文件

申请中如果涉及其他与申请相关的证明文件或中间文件，均应当予以全面的分析。例如，申请人提出新颖性宽限期的请求，无论该请求是否成立，相关的证明文件均可作为检索要素的信息来源。

二、申请类型

（一）单件产品的外观设计

单件产品的保护范围由所有图片或者照片所表示的产品的外观设计确定，并应当参考简要说明对所述图片或者照片的解释。

（二）组件产品的外观设计

组件产品，无论其组装关系如何，都视为单件产品，是以组合状态下的整体外观设计为对象，而不是以所有单个构件的外观为对象进行检索。

对于组装关系不唯一的组件产品，例如插接组件玩具产品，在购买和插接这类产品的过程中，一般消费者会对单个构件的外观留下印象，所以，应当以插接组件的所有单个构件的外观为对象，而不是以插接后的整体的外观设计为对象进行判断。

对于各构件之间无组装关系的组件产品，如扑克牌、象棋棋子等组件产品，在购买和使用这类产品的过程中，一般消费者会对单个构件的外观留下印象，所以，应当以所有单个构件的外观为对象进行检索。

（三）同一产品的两项以上的相似外观设计

一件专利中同一产品的两项以上相似外观设计是各自独立的，其保护范围由针对每一项外观设计的图片或者照片并结合简要说明加以确定。

（四）成套产品的外观设计

成套产品的各个产品的外观设计各自独立。每个产品的保护范围由表达该产品的图片或者照片以及简要说明分别确定。

（五）既可以是组件产品，也可以是成套产品的外观设计

若一项外观设计专利所涉及的产品既可能是组件产品，也可以作为成套产品，则应当根据组件产品和成套产品所确定的保护范围对申请进行检索。

第二章　确定和完善检索要素

第一节　分类号

一、核对国际外观设计分类号

为了更有效地进行检索，检索前应当先确定被检对象的国际外观设计专利分类号（即洛迦诺分类号）。在准确理解该产品的基础上，如果被检外观设计是专利文献，应当核对分类号是否正确；如果被检外观设计是非专利文献，应该核对其所属的相应的、准确的分类号。

（一）单一用途产品的分类❶

对于外观设计专利申请中仅包含一件产品的外观设计、同一产品的多项外观设计、多件产品且用途相同单一的外观设计，具有一个分类号。

（二）多用途产品的分类

（1）外观设计专利申请中仅包含一件产品的外观设计，且该产品为两个或两个以上不同用途的产品的组合体。例如，带录音功能的手表，分类号为10 - 02 和14 - 01。

（2）外观设计专利申请中包含同一产品的多项外观设计，且该产品为两个或两个以上不同用途的产品的组合体。

（3）外观设计专利申请中包含多件产品的外观设计，且各单件产品具有不同的用途。例如，一件外观设计专利申请中包含碗和勺子两件产品，分类号为 07 - 01 和 07 - 03。

---

❶ 中华人民共和国国家知识产权局. 专利审查指南［M］. 北京：知识产权出版社，2010：91 - 92.

对于给出多个分类号的外观设计专利申请，确定检索分类号的时候应当首选与其形状最接近的那个分类号。

另外，由于国际外观设计分类表每 5 年修订一次，所以针对同一产品，依据不同版本分类表所给出的分类号会有差异。目前国际外观设计分类表使用的版本是第十版。检索时，不应仅关注被检索对象所在的分类号，还应考虑依不同版本分类表，同类产品可能存在的分类位置。例如，床的分类号在第七版分类表中是 06 – 01 类，在第八版分类表中是 06 – 02 类。

二、国际外观设计分类号的转换

各国外观设计分类体系不尽相同，国际通用的分类体系即为我国现在使用的国际外观设计专利分类体系（洛迦诺分类体系），使用该体系的还有世界知识产权组织、德国、法国等。有一些国家除了使用国际外观设计分类体系以外，还依据本国的实际情况制定了符合本国国情的本国分类体系。例如，日本、美国、韩国等外观设计专利文献，除了给出洛迦诺分类号以外，还会同时给出本国分类号。在检索过程中，若需要检索国外数据，就需要了解该国的外观设计分类体系，当应用分类号进行检索时，应当将国家外观设计分类号与其本国外观设计分类号进行对照，确定外观设计专利申请在该国的分类号。下面简要介绍日本、美国和韩国的本国分类体系的情况。

（一）日本

日本外观设计分类表主要的构建思想是根据物品的用途分类，必要时考虑产品的功能特征，若再继续细分时，则根据产品的形态进行分类。分类表的编排结构依次是部、大类、小类、外形分类，共 4 级。

部：以物品用途进行分类，共分成 14 个部，用英文字母 A ~ N 表示，每一个字母代表一个部，其中 N 部表示不属于前述 A ~ M 部的物品；大类：在每个部下面，按物品的用途主题范围划分大类，大类的分类号为 0 ~ 9 的 1 位数顺序展开，其中大类 0 是不属于部内任意一大类的物品；小类：在每个大类下面，按物品的用途主题范围划分小类，由 5 位数构成；外形分类：在每个小类下面，根据物品外形继续进行细分。

例如，属于 J 部（一般机械器具）的挂坠装饰物，其日本本国分类号是 B3 – 01A，其中 B 代表物品的部，3 是物品领域的大类，用阿拉伯数字表示，01 是设计物品群的小类，A 是具体物品外形分类的编号，如图 4 – 2 – 1 所示。

登録 1135891
「キーホルダー」

登録 1136714
「装身用下げ飾り」

图 4 – 2 – 1　日本 B3 – 01A 分类号产品示意

（二）美国

美国外观设计分类表的结构与其发明专利分类法相似，从形式上为大类和小类（大类/小类）两个等级。美国的外观设计根据产品功能或工业产品在外观专利申请时表示的用途来分类。

美国外观设计分类表从用途、功能出发，将外观设计产品分为 33 个大类，在每个大类中，将拥有某种特殊机能、明确功能特征或与众不同的装饰性外表的设计专利归在同一小类。美国外观设计分类表的大类基本与国际外观设计分类表相对应，大类的名称与排序基本相同，都是从功能的概念或者工业产品在外观专利中申明、透露的目标用途出发。

小类上，美国外观设计分类表与国际外观设计分类表差别比较大。美国外观设计分类表提供了一个高度组织化的分类结构表，它从用途、功能、造型来考虑小类的划分。小类中采用阶梯式分类，最多的阶梯发展到第五阶。小类设置更多地考虑设计与造型的因素，甚至关注某一设计是如何制造而成的，这样的小类设置更加明确与细致，使得检索的范围有了更准确的限定，检索的目标更明确。并且对小类进行详细的注释说明，包括排除注释、检索注释、跨类的产品分类注释，使分类变得易于操作和统一。

（三）韩国

韩国有自己独立的外观设计分类体系，使用自己的分类表，主要以本国分类为主，并附以国际外观设计分类号。

韩国的分类原理与日本相同，是物品用途分类主导型，必要的时候考虑物品的功能，需要进一步细分时使用形态的概念。

韩国外观设计分类号由部、类和组构成。分类构成为群、大分类、中分类、小分类和必要时的形态分类 5 级分类。韩国分类体系中"群"的概念与日本分类体系中"组"的概念相同，其分类号的表示也相同，都是用 A～N 中的 14 个拉丁字母顺序展开。大分类、中分类与日本的"大类"近似，都是将上一级划分为 9 类，将数字 1～9 作为分类号，一般 0 表示"综合"，9 表示"部件或附属品"。其区别在于韩国的分类体系中多一级。小分类与日本的"小类"相同。

第二节　关键词

一、产品名称

外观设计专利申请依靠清楚、准确的外观设计图片或照片来表达要请求保护的对象。除了简要说明中对用途和设计要点的简要描述，请求书中填写的产品名称是确定产品用途、类别及特性的重要文字信息来源。因此，对产品名称准确、全面的认定，对于提高检索效率具有非常重要的作用。

《专利审查指南》第一部分第三章 4.1.1 对使用外观设计的产品名称作出明确规定："该名称应当与外观设计图片或照片中表示的外观设计相符合，准确、简明地表明要求保护的产品的外观设计"，并且要求"产品名称一般应当符合国际外观设计分类表中小类列举的名称"等❶。虽然有了上述产品名称的规范要求，但是由于新产品不断产生，行业内术语层出不穷，以及个人之间对产品名称认识的主观差异，即便是符合《专利审查指南》规定的产品名称，也有多种变化形式。为了兼顾检索的准确性和全面性，确定产品名称时也应当兼顾准确性和全面性两个方面。

（一）核对产品名称

关键词确定时，如果是外观设计专利文献，首先应当确定该文献的产品名称是否正确性，结合外观设计图片或照片中表示出的产品及简要说明中的用途说明，最终确定正确的产品名称（如表 4-2-1 所示）。

---

❶　中华人民共和国国家知识产权局. 专利审查指南［M］. 北京：知识产权出版社，2010：73.

表 4 - 2 - 1　核对产品名称提取关键词案例

	案例 1	案例 2	案例 3
外观设计图片			
请求书中产品名称	滤筒	冰箱除味盒包装	床
正确的产品名称	滤芯	冰箱除味盒	床架

（二）产品的上位和下位名称

对于产品名称准确性的认定中，主要问题涉及名称概括较为上位，需要通过对产品领域或类似产品现状的了解，在专利文献给出的产品名称的基础上给出更加精准的产品名称作为产品要素。同时，确定精准产品名称时产生的衍生名称，也应当作为检索要素予以保留，用以弥补精准产品名称检索漏检的可能性（如表 4 - 2 - 2 所示）。

表 4 - 2 - 2　产品的上位和下位名称提取关键词案例

	案例 1	案例 2	案例 3
外观设计图片			
请求书中产品名称	玩具泡泡枪	上衣	茶壶
精准的产品名称	泡泡枪	冲锋衣	提梁壶
从产品名称上位、下位概念中获得关键词群	泡泡枪，玩具枪，手动泡泡枪，电动泡泡枪，吹泡泡枪	冲锋衣，上衣，外套，户外运动服，风衣夹克，防风夹克	提梁壶，壶，茶具，瓷器茶壶，曲壶

（三）产品名称中括号内的信息

外观设计专利申请的产品名称允许末尾增加括号，括号中的内容往往是《专利审查指南》第一部分第三章 4.1.1 规定的，应当避免使用在产品名称中的内容，如商标、型号、编号等❶。也有少部分专利文献将符合《专利审查指南》规定的内容放置在括号内。如果该名称已经符合《专利审查指南》对产品名称的要求，无论括号内的信息是上述哪种情形，对于检索来说，都是很重要的信息来源，对增加检索要素和提高检索效率具有非常重要的作用（如表4-2-3所示）。

表4-2-3　产品名称括号内信息提取关键词案例

	案例1	案例2	案例3
外观设计图片			
请求书中产品名称	手机保护壳（三星手机贝壳系列六）	手机挂件（平安鸟）	包装瓶（汉草香妍莹滋水感凝萃精华露）
从括号中获取的关键词	三星手机，贝壳	平安鸟	汉草香妍，莹滋水感凝萃精华露

（四）近义、同义词

由于汉语近义词、同义词的特点，行业内简称的使用习惯，以及不同年代的使用习惯，同一产品具有不同名称的情形较为常见。遇到此类产品时，应当注意近义词和同义词的扩展（如表4-2-4所示）。

表4-2-4　产品名称近义（同义）词提取关键词案例

	案例1	案例2	案例3
外观设计图片			
请求书中产品名称	宠物篮	U盘	保温瓶
近义、同义词的产品名称	宠物箱、宠物提篮	闪盘、移动存储设备、移动硬盘	暖水壶、开水壶

---

❶ 中华人民共和国国家知识产权局. 专利审查指南［M］. 北京：知识产权出版社，2010：73.

（五）外文翻译的产品名称

对于外观设计专利文献，权利人是外国人，由于产品名称命名的不同习惯和不同语言环境，导致翻译得来的产品名称和我国产品的命名习惯比较有一定的区别。因此，检索时应当将该类型案件的产品名称作为关键词的补充（如表 4 - 2 - 5 所示）。

表 4 - 2 - 5　外文翻译的产品名称提取关键词案例

	案例 1	案例 2	案例 3
外观设计图片			
权利人国别	JP	KR	US
带翻译特点的产品名称	包装用箱	包装用容器	机动车辆
我国惯用产品名称	包装盒	包装瓶	汽车

二、产品的用途

外观设计产品的用途是指产品功能、产品的使用场所以及适用范围。

外观设计的简要说明中包含有对产品类别用途的描述，由于对用途的书写方式和详细程度不做具体要求，因此，申请人提交的简要说明中对用途的描述详细程度参差不齐，只要与外观设计图片或照片中表示的产品相一致，即属于符合规定的简要说明。即便如此，提取关键词时，简要说明中对用途的描述也应当足够的重视，利用简要说明中对用途的描述提供一切有用的信息，才能进一步提高检索的效率。

从产品用途中提取关键词时，首先需要核对产品用途，排除对用途描述不正确的情况，再进一步提取有效的关键词（如表 4 - 2 - 6 所示）。

表4-2-6　产品用途提取关键词案例

	案例1	案例2	案例3
外观设计图片			
产品名称	鸭子玩具	量子加能活化器（水博士2型）	座铰（Z434）
产品的用途	一种玩具鸭子形象产品，手拍鸭子背部就会产生动感音响效果	本设计为装在水龙头前过滤转换水质的量子加能器，使用在厨房改善水质	本外观设计产品装在马桶底板上，用于将铰接马桶盖板
关键词	玩具鸭子、手拍、音响	装在水龙头前、过滤、用于厨房、改善水质	马桶座铰、装在马桶底板、铰接马桶盖板

三、设计要素及要点

国际工业设计理事会（ICSID）给工业设计作了做了如下定义：就批量生产的工业产品而言，凭借训练、技术知识、经验、视觉及心理感受，而赋予产品材料、结构、构造、形态、色彩、表面加工、装饰以新的品质和规格❶。

《专利法》（2008年修正版）第二条第四款规定：外观设计，是指对产品的形状、图案或者其结合以及色彩与形状、图案的结合所作出的富有美感并适于工业应用的新设计。

外观设计专利保护的对象，作为工业设计的一部分也具有工业设计的品质和规格。因此，除了《专利法》中提及的形状、图案和色彩这三个最基本的设计要素以外，外观设计专利往往还会体现出《专利法》以外的设计特征，如材料、结构和表面加工工艺等。并且一项设计中除了原创性或颠覆性的设计，一般都暗含着历史的传承。换句话说，设计整体可以表现出一种风格。

在数据库中检索时，除了《专利法》中指出的三个设计要素，其他设

---

❶　王辉. 创意城市与城市品牌［M］. 北京：中国财富出版社，2011：161.

计要素和设计风格也是非常有用的检索要素，都应当予以充分的考虑。下面就从设计要素、设计风格和设计要点三个角度来分析外观设计要素的关键词提取。

（一）设计要素

1.《专利法》意义上的设计要素

从《专利法》第二条第四款对外观设计的定义可知，外观设计专利申请有6种类型设计要素组合的设计：单纯形状，单纯图案，形状和图案结合，形状和色彩结合，图案和色彩结合，形状、图案和色彩结合。因此，应当从外观设计图片或照片中体现出的形状、图案和色彩要素，结合对现有设计和该行业、领域习惯的了解，关键词的描述应当恰当、准确、形象。

（1）形状。对形状进行描述时，对于较规则的形状，一般用"球形、长方体、椎形"等常见几何形状或几何体来表述；对于较为特殊的形状，应尽量选用行业内的习惯用语或专业术语进行描述（如表4－2－7所示）。

表4－2－7 外观设计形状要素提取关键词案例

	案例1	案例2	案例3
外观设计图片			
产品名称	茶壶	斜拉桥	灯罩
常规形状	提梁壶	曲线弧形（桥侧面）	扁椭圆体
业内习惯用语/习惯用语	曲壶	花苞型（桥侧面）	扁鼓

（2）图案。对图案进行描述时，对于较具体的图案，用具体名称描述即可；如果较为抽象，尽量选用行业内的习惯用语或专业术语进行描述（如表4－2－8所示）。

表 4-2-8　外观设计图案要素提取关键词案例

	案例 1	案例 2	案例 3
外观设计图片			
产品名称	面料（021）	碗	坐垫（ZD255）
常规图案	黑白格子	花朵	龙纹和花纹
业内习惯用语/习惯用语	千鸟格	蜗牛花	夔龙缠枝纹

（3）色彩。色彩分为无彩色系和有彩色系。无彩色系是指白色、黑色和由白色黑色调和形成的各种深浅不同的灰色。有彩色系，即称彩色，有 3 个基本特征，即色相、明度和纯度（饱和度）：色相是指能够比较确切地表示某种颜色色别的名称，如红、橙、黄、绿、青、蓝、紫；明度是指色彩的明亮程度；纯度是指色彩的纯净程度。综合上述色彩的特征，专业设计或日常生活中对色彩也有很多带有比喻性质的习惯叫法，如玫瑰红、橘黄、柠檬黄、钻蓝、群青、翠绿、乳白等。因此，对色彩进行描述时，接近原色的色彩直接采用色相描述，其余中间色尽量选用行业内的习惯用语或专业术语进行描述（如表 4-2-9 所示）。

表 4-2-9　外观设计色彩要素提取关键词案例

	案例 1	案例 2	案例 3
外观设计图片			
产品名称	短裙	皮衣	摄像头（2）
常规色彩	红色	蓝色	绿色
业内习惯用语/习惯用语	玫瑰红	宝蓝色	豆绿

2. 其他设计要素

材料、形态与色彩是产品设计中的三大设计要素，上面所述《专利法》意义上的设计要素在一定程度上能够体现外观设计所采用的材料的特性。但是，如果从材料的角度出发赋予关键词，能从另一个角度清晰、准确地描述产品的属性和特点。

产品设计中常采用的材料有高分子材料、金属材料、非金属材料及复合材料等。高分子材料主要指塑料；金属材料主要指黑色金属材料（铁）和有色金属材料（金、银、铜、铁）；非金属材料一般来源于天然物质，主要有木材、玻璃、陶瓷、天然石材等。

产品设计的最后，根据设计要求制作，通常还需要采用相应的加工和处理过程来实现，即加工工艺和装饰工艺。加工工艺一般指成型加工，装饰工艺一般指表面处理。常见的工艺手法主要有铸造工艺、锻压工艺、冲压工艺、焊接工艺和表面处理。其中表面处理是造型完成前从质地、光泽、肌理、色彩配置等方面对产品进行最后处理。对于同一材料工艺处理通常是机械加工、热处理、研磨、抛光机热定型等方法，提高产品外形光洁度、光泽、质材等；对于不同材料组合的处理有喷、镀、饰、漆等工艺，如木板贴塑、静喷漆、金属喷漆、塑料电镀、抛光等。

外观设计专利申请中，对表面设计特征影响比较大的主要是指装饰加工工艺。常见的装饰加工工艺主要有❶以下几种。

（1）表面立体印刷，也称水转印，是利用水的压力和活化剂使水转印载体薄膜上的剥离层溶解转移。

（2）金属拉丝，主要是指铝合金的表面拉丝工艺。拉丝可根据装饰需要，制成直纹、乱纹、螺纹、波纹和旋纹等几种。

（3）电镀工艺，根据镀层的功能分为防护性镀层、装饰性镀层及其他功能性镀层。

（4）表面喷涂，通过喷枪或碟式雾化器，借助于压力或离心力，分散成均匀而微细的滴雾，施涂于被涂物表面的涂装方法。

（5）移印，承印物为不规则的异形表面（如仪器、电气零件、玩具等），使用铜或钢凹版，经由硅橡胶铸成半球面形的移印头，以此压向版面将油墨转印至承印物上完成转移印刷的方式。

（6）热转印，是将花纹或图案印刷到耐热性胶纸上，通过加热、加压，将油墨层的花纹图案印到成品材料上的一种技术。

---

❶　相关论述可参考百度百科。

（7）喷砂，利用高速砂流的冲击作用清理和粗化基本表面的过程。

（8）冲压，利用磨具在压力机上将金属板材制成各种板片状零件盒壳体、容器类工件，或将管件制成各种管状工件。

（9）阳极氧化，作为轻金属的铝及其类别合金，在工业设计中已经越来越普遍。MP3 播放器、DSC、手机、NB、甚至桌面电脑等，均可见轻金属身影（镁合金与铝合金为主流）。

其他装饰加工工艺还有激光镭雕、丝网印刷、双色注塑、吹塑成型等。

对外观设计中其他设计要素的关键词提取方法如表 4 - 2 - 10 所示。

表 4 - 2 - 10　外观设计其他设计要素提取关键词案例

	案例 1	案例 2	案例 3
外观设计图片			
产品名称	发卡	遥控器	保温瓶
材质	铁	玻璃 + 铝合金 + 塑料	不锈钢
加工工艺	黑色喷漆	金属拉丝（按键面板）	一体冲压成型（瓶身）
	案例 4	案例 5	案例 6
外观设计图片			
产品名称	装饰铝板	食品保存容器	原木门板
材质	铝	塑料	木材
加工工艺	阳极氧化	喷砂（盖子顶部）	热转印（花纹）

（二）设计风格

1. 历史渊源的设计风格❶

在工业设计发展的进程中，继承和变革这两个孪生的主题一直在以不同

---

❶　何人可. 工业设计史［M］. 3 版. 北京：高等教育出版社，2004.

的形式交替出现，并不时产生激烈的交锋。由于工业设计与传统设计文明的渊源关系，工业革命以后，传统的设计风格被作为某种特定文化的符号，不断影响到工业设计。纵观工业设计历史长河，各个时期和各个流派都有自己的风格特征，现代工业设计与这些历史文化交融之时总能找到历史风格的影子。同样地，从这些设计风格入手描述，又能反映出用外观设计形状、图案或色彩难以描述的设计特征。工业设计发展历史中主要的流派和组织如表4-2-11所示。

表4-2-11　工业设计发展历史中的主要流派

设计流派或组织	主要活动地区	主要活动时间	代表人物
新古典主义	欧美各国	1760～1880	
折衷主义	欧美各国	1820～1900	
工艺美术运动	英国	1880～1910	莫里斯，阿什比
新艺术运动	欧洲各国	1890～1910	吉马德，戈地
维也纳分离派	奥地利	1897～1933	霍夫曼
德意志制造联盟	德国	1907～1934	穆特休斯，贝伦斯
风格派	荷兰	1917～1931	里特维尔德
构成派	苏联	1917～1928	马来维奇，塔特林
包豪斯学校	德国	1919～1933	格罗彼乌斯
艺术装饰风格	法国	1925～1935	
流线型的风格	美国	1925～1945	罗维，盖茨
斯堪的纳维亚风格	斯堪的纳维亚	1930～1950	阿尔托
现代主义	欧美各国	1920～1950	米斯，柯布西耶
商业性设计	美国	1945～1960	厄尔
有机现代主义	美国、意大利、斯堪的纳维亚	1945～1960	沙里宁，尼佐里
理性主义	欧洲、美国、日本	1960～至今	
高技术风格	欧洲、日本	1960～1980	
波普风格	英国	1960～1980	
后现代主义	欧美各国	1965～1990	文丘里，索特萨斯
解构主义	欧美各国	1980～至今	盖里，屈米
绿色设计	欧美各国	1970～至今	

2. 文化渊源的设计风格

不同国家、地区的文化历史渊源不同，主要有以下设计风格。

（1）罗马风格：产生于公元 5~6 世纪，以强调庄重为主，多用浮雕及雕塑，具有神秘感。

（2）哥特风格：产生于公元 12~13 世纪，以竖向排列的珠子及柱间尖形向上的细花格拱形门洞为特点，多华丽、色彩丰富。

（3）欧洲文艺复兴风格：产生于公元 15~16 世纪，强调人性的文化特征，表面装饰细密，效果华丽。通常被用来指发源于意大利的文艺活动，始于 14 世纪，而 16 世纪达到巅峰。

（4）巴洛克风格：产生于公元 17 世纪，强调线型的流动变化，装饰繁琐精巧。

（5）洛可可风格：产生于公元 17~18 世纪，以贝壳状的曲线、皱折和曲折进行表面处理，绚丽细致。

（6）美国殖民地风格：强调自由明朗的感觉，具有英国洛可可的风格，是其简易版本。

（7）欧洲新古典风格：多运用直线条进行表达，部分地方细致处理，具有对比美。

（8）古埃及风格：喜欢采用动物造型，图案形象。

（9）古印度风格：感觉丰满、厚重、做工精工细琢。

（10）古日本风格：中国文化早期版本的拷贝，简单明亮。榻榻米是其主要特征。

（11）欧洲新艺术运动风格：其主题是模仿草木生长形态，大量应用铁构件以便制作各种曲线。造型夸张简洁。

（12）阿拉伯（伊斯兰）风格：多采用具有装饰作用的拱形结构，色彩浓烈。风格悠闲、清雅。

（13）现代主义风格：风格粗犷、隐喻。倾向于造型的艺术研究，主张灵活多用，四望无阻少就是多，强调细节和节点处理。

（14）后现代主义风格：分装饰主义派和高技派。装饰主义派的设计繁多复杂，多用夸张、变形、断裂、折射、叠加、二元并列等手法，表现刺激。高级派的设计坚持使用新技术，讲求技术精美和粗野主义强调系统设计和参数设计。

对外观设计中设计风格的关键词提取方法如表 4-2-12 所示。

表 4 - 2 - 12　外观设计设计风格（文化渊源）提取关键词案例

	案例1	案例2	案例3
外观设计图片			
产品名称	壁灯	餐台	椅子
风格	巴洛克	罗马	印度

3. 其他日常惯用的设计风格

除了上述不同角度分析的设计风格，近些年来我国家居、服装等跟日常生活紧密相联的领域，也出现了一些更贴近生活、更简洁明了的设计风格描述方式，如古典风格、朴素风格、自然风格、都市风格等。随着各种文化的交融碰撞，以及生活习惯的不断变化，设计风格也在发生着改变，出现了很多曾经单一如今杂糅的混合设计风格，如都市现代风格、自然舒适风格等（如表 4 - 2 - 13 所示）。

表 4 - 2 - 13　外观设计设计风格（日常惯用）提取关键词案例

	案例1	案例2	案例3
外观设计图片			
产品名称	沙发	手拎包	沙发
风格	中式、古典	古典	简约

（三）设计要点

设计要点是外观设计专利创新的重点、核心，是基于对现有设计群建立之后，对外观设计创新的客观认识和判断。从设计者或者销售者的角度出发，外观设计创新的要点是设计推广、销售宣传的重中之重。因此，无论是申请专利还是宣传销售，设计要点往往会被申请人或销售者予以重点推广、宣传。因此，设计要点的关键词对于该类情形的检索，具有很重要的意义。

简要说明中申请人描述的设计要点，应当基于现有设计群进行重新认识和构建。因此，提取关键词时的设计要点，应当是客观存在的设计要点，并非专利权人声称的设计要点。

目前，外观设计专利申请的简要说明中，大部分外观设计专利权中对设计要点的描述比较概括。例如，设计要点在于形状/某视图等描述形式。这类设计要点，对于外观设计要点关键词的提取仅起到参考性作用。比如，简要说明中描述设计要点在于主视图，提取关键词时应结合现有设计中该类产品的设计情况，在主视图中找出该产品详细、准确的设计要点（如表4-2-14所示）。

表4-2-14　外观设计设计要点提取关键词案例

	案例1	案例2	案例3
外观设计图片			
产品名称	机械表表头	水果叉（酸甜苦辣咸）	智能网络摄像机
设计要点	表盘和指针	手柄形状和色彩，以及代表酸甜苦辣咸的镂空符号	机器狗形状

四、申请人、设计人和联系人

外观设计专利文献的请求书中填写的申请人和设计人信息，可以提供申请人提交申请，或者了解该申请人申请的外观设计的整体情况，或者追溯该申请人是否有重复申请或实质相同申请的情形。同理，设计人信息也可以如此利用。提取申请人或设计人信息时，应当注意是否发生过变更或更名的情况。

五、其他信息

外观设计文献的图片或照片中，由于其成品销售的特性，部分文献会将产品和厂家信息显示出来，如商标、内装物产品名称、生产厂家、生产日期等。这类信息，对于原样抄袭他人设计的情形非常适用。因此，如果在图片或照片中表示了该类信息，无论在视图中所占的比例大小，是否处于易见面，均应当作为检索的重要关键词（如表 4 – 2 – 15 所示）。

表 4 – 2 – 15 外观设计其他信息提取关键词案例

	案例 1	案例 2	案例 3
外观设计图片			
产品名称	包装盒	耳机	玩具鞋（Lacing Sneaker）
其他信息	角康（产品），驻马店市御医堂保健品有限公司（厂家）	Thinkano（商标）	Melissa & Doug（商标），Wooden lacing Shoe（产品）

六、关键词库的建立

在确定关键词库之前，应当明白关键词库的建立如同检索的过程，是一个学习的过程，也是一个不断反复的过程。从确立最初的关键词，到通过反复检索试验，确立最终的关键词库，是一个不断试验的过程。

由于目前的互联网图形检索技术的局限性，采用关键词检索就成了互联网检索的重要途径。因此，通过上述 5 项内容的梳理和整合，针对被检索对象不断地确定和完善出一个关键词库，就显得更为重要。图 4 – 2 – 2 是上述 5 项确定和完善关键词的总结。下面举两个案例说明关键词库的建立（如表 4 – 2 – 16 所示）。

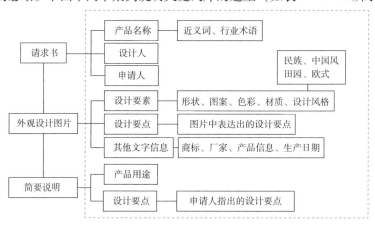

图 4 – 2 – 2 关键词来源

表 4 - 2 - 16   外观设计关键词库建立的案例

	案例 1	案例 2
外观设计图片	 立体图	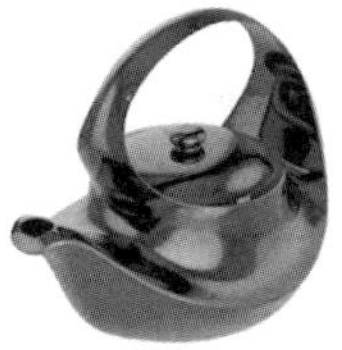 立体图
产品名称	摆件（001）	茶壶（2）
简要说明	1. 摆件（001）； 2. 本外观设计产品用于摆件； 3. 设计要点在于产品的外形； 4. 指定公报视图：立体图； 5. 省略视图：仰视图（无设计要点）	1. 茶壶（2）； 2. 用于喝水泡茶； 3. 设计的要点在于产品的形状； 4. 指定公报视图：立体图
关键词库　初步	摆件　马桶　粉色娃娃　塑料	茶壶　黑色　曲线　黑色　陶瓷
	现有设计的学习过程　　反复的检索试验过程	
有效	晴天娃娃　摇头娃娃 太阳能公仔　车饰摆件	提梁壶　曲壶

第三节　图形特征

一、图形检索原理

图形检索原理主要基于"图形要素"检索技术进行检索。无须标引，以图片为被检对象，就可对图形要素，如图像的颜色、纹理、布局等进行分析和检索的图像检索技术，即基于内容的图像检索（Content - Based Image Retrieval，CBIR）技术。

基于内容的图像检索指的是查询条件本身就是一个图像，或者是对于图像内容的描述，它建立索引的方式是通过提取底层特征，然后通过计算比较这些特征和查询条件之间的距离，来决定两个图片的相似程度。

（1）提取特征值。利用一些数学的规则（公式），把图像进行量化描述，按照色彩、形状、图案、纹理等不同要求，把一张图片转化为一组数字，该组数字称其为特征值。由于采用的同样的规则，所以每一张图片都能提取出一组特征值。

（2）特征值的比对。由于采用的规则相同，如果两张图片相同，提取的特征值也会相同，这样就可以把对两张图片内容的比较转化为两组特征值数字的比较。如果两张图片相似，提取的特征值也是相近的；否则，当两张图片相差很大时，其特征值也会有很大的差距❶。

二、图片特征对检索的影响

对于图像的低层特征，主要采用图像的颜色、纹理及其形状等特征。

（1）颜色特征。颜色特征和图像的大小、方向无关，而且对图像的背景颜色不敏感。因此颜色特征被广泛应用于图像检索。颜色特征中包括颜色直方图、颜色相关图、颜色矩等。

D 系统中不会识别图片是产品还是背景，所以产品的背景颜色很可能会计算到特征数值里，会影响检索的结果。在检索时可更改背景色尝试重新检索。

（2）纹理特征。纹理特征代表了物体的视觉模式，它包含了物体表面的组织结构以及与周围环境之间的关系。常用的方法有相关矩阵法，粗糙度、对比度等纹理表示方法以及小波变换等。

（3）形状特征。形状特征则包括两种，一种是基于边界的形状特征，另一种是基于区域的形状特征。最常用的表示方法有傅里叶变换和不变矩等（如图 4 - 2 - 3 所示）。

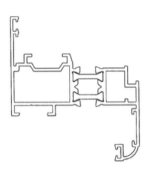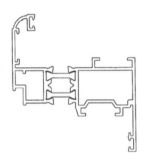

图 4 – 2 – 3　外观设计形状特征

　　由于视图的方向不同，会导致提取的形状特征不同，这样在检索时就不能把相同形状只是改变了视图方向的对比文件检索出来。对于没有固定方向的产品，可以尝试着改变一下视图方向重新检索。

　　线条视图基于边界的形状特征，而渲染视图基于区域的形状特征，即使是相同的产品，绘制方式的不同会使得提取的特征值相差很大。检索时可以尝试将渲染视图改为线条图再进行检索（如图 4 – 2 – 4 所示）。

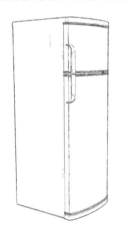

图 4 – 2 – 4　视图特征

　　此外，需要注意的是，大多基于图形识别算法的系统较难识别图中哪些是产品本身的内容、哪些是背景，所以会导致系统将剖切符号也计算到特征值里，影响检索的正确性。必要时，可以将产品外的其他符号删除（如图 4 – 2 – 5 所示）。

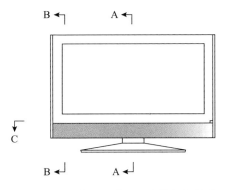

图 4 - 2 - 5 外观设计制图中的剖切符号

三、被检索视图的正确选取

在 D 系统中，检索时应当选取一幅最能表达其设计要点的视图作为被检索视图。正确恰当地选取被检索视图可以提高检索效率。

（一）平面类产品

平面类产品包括服装、包装袋、片材、面料等，该类产品一般包括主、后视图，选择被检索视图时一般会以主视图作为其最能表达设计要点的视图，主视图包括该产品的大部分设计要素。但遇到特殊类产品，可以适当选择后视图作为被检索视图。例如，目前运动衫领域，运动衫背面具有较多的设计点，通过这些设计点使得运动衫能够更好贴身、散热（如图 4 - 2 - 6 所示）。

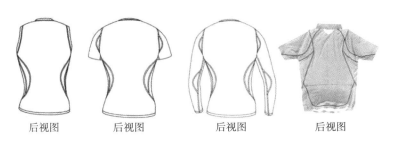

后视图　　　　后视图　　　　后视图　　　　后视图

图 4 - 2 - 6 运动衫背部的设计点

（二）立体产品

立体产品种类繁多，不同领域的产品会选择不同的被检索视图，使用多幅视图进行多次检索可以快速找到检索目标。对于立体产品来说，选择什么视图作为被检索视图应当综合考虑产品的图形特征，被检索视图应当是该产品图形特征最显著或是最能够区分出同领域产品差别的一幅视图。下面以几个领域的产品作为示例进行说明。

（1）对于汽车领域来说，其侧视图是最能区别不同款车型的视图。从车头或车尾往往很难把握车的整体造型设计，而从侧面观察，能够快速、准确地把握产品的整体形状（如图4-2-7所示）。

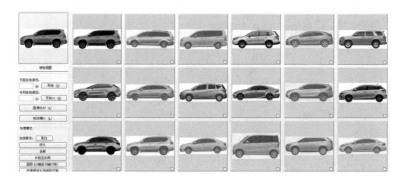

图4-2-7　汽车领域侧面设计特点

（2）对于家电领域中的冰箱，从结构分类上来说，可分为几柜、几开门，分类的因素都集中在主视图，同时主视图包括该类产品的大部分设计元素，应当选择主视图作为被检索视图（如图4-2-8所示）。

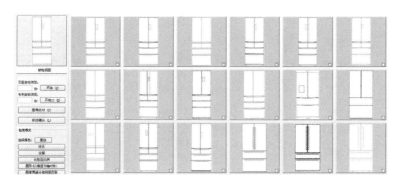

图4-2-8　冰箱正面设计特点

对于冰箱类产品，通常提交的立体图的角度较为固定，也可以将立体图作为被检索视图进行一次快速的检索，尝试通过产品长宽高的比例直接找到检索目标（如图4-2-9所示）。

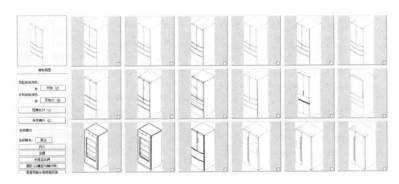

图4-2-9　冰箱立体效果设计特点

（三）分步选取方法

当产品各个角度均含有设计点、无法明显确认被检索视图时，可以通过间接检索的方式，逐步确定最适合的被检索图，从而进行精确的检索。例如，图4-2-10中的台灯案例，牛形造型在主视图、左视图、右视图等多角度均有设计点，不容易明确判定哪一面视图更具代表性。一般情况下，大部分人会认为主视图最具特征，应当选取主视图作为被检索图。但是，经过实践发现并不能如我们希望的那样检索出相似的结果。所以这种情况需要通过几次检索逐步确认产品的被检索图。

我们可以尝试进行"1次检索"，检出相关产品（如图4-2-11、图4-2-12所示）。

仔细对比观察相似的几个产品进行，它们具有显著的共同特征——牛头、牛角，并发现该类产品的区别点在于产品的侧面：牛身的薄厚、下方有没有牛脚这两点。所以，应当选择产品的左视图（或右视图）作为被检索视图，并且在检索结果中注意观察是否具有牛脚。在D系统中进行"2次检索"，结果如图4-2-13所示。可以看到，第1排第3个案件在牛身厚度、牛脚位置均与被检案例相同。

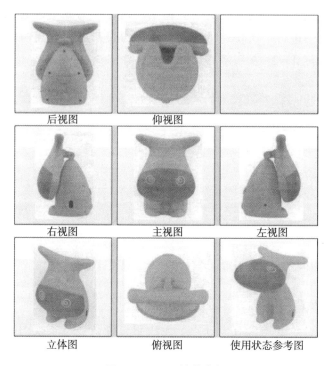

图 4 - 2 - 10   被检案例

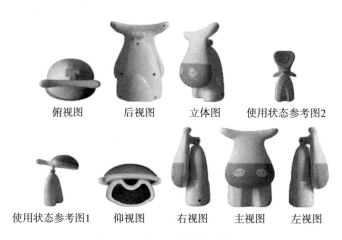

图 4 - 2 - 11   1 次检索结果一

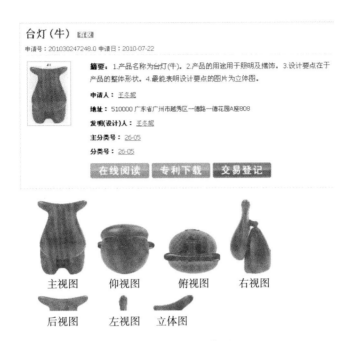

图4－2－12　1次检索结果二

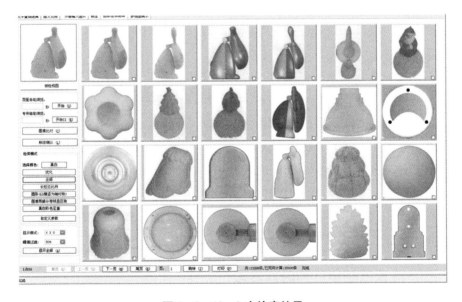

图4－2－13　2次检索结果

第四节　时间界限

一、被检索的对象未要求优先权

通常情况下，应当以被检索专利的申请日作为检索的时间界限。但是，考虑到有可能存在优先权日在本专利申请日之前、在中国的申请日在本专利的申请日之后的对比文献，因此，还应当将检索的时间界限扩展到本专利申请日之后的 6 个月。

考虑到现有检索系统的功能限制，一般情况下应当以被检索对象的申请日加 6 个月为检索的时间界限。例如，被检索专利的申请日为 2015 年 4 月 1 日，检索的时间界限应当为 2015 年 10 月 1 日。

二、被检索的对象要求优先权

首先应当核实优先权是否成立。如果优先权成立，则检索的时间界限为该专利的优先权日；如果优先权不成立，则检索的时间界限为该专利在中国的申请日。

不论被检索专利的优先权是否成立，考虑到有可能存在优先权日在本专利申请日之前、在中国的申请日在本专利的申请日之后的对比文献，因此，还应当将检索的时间界限扩展到本专利申请日之后的 6 个月。

在实际操作中，如果优先权成立，检索的时间界限为优先权日加 6 个月；如果优先权不成立，检索的时间界限是申请日加 6 个月。例如，被检索专利的申请日是 2015 年 6 月 1 日，优先权日为 2015 年 4 月 1 日。如果优先权成立，则检索的时间界限应当为 2015 年 10 月 1 日；如果优先权不成立，则检索的时间界限应当为 2015 年 12 月 1 日。

三、检索抵触申请的时间界限

应当检索所有本人和他人在该专利申请日之前向专利局提交并记载在申请日以后公告的专利文件中的专利申请。

为了确定是否存在影响外观设计专利申请主题新颖性的抵触申请，至少还需要检索所有由任何单位或个人在该申请的申请日之前向专利局提交的，并且在该申请的申请日后已经公告的相同或相近种类的外观设计专利申请或外观设计专利文件。

四、检索重复授权申请的时间界限

在对申请发出授予专利权的通知前，为了防止重复授权，必要时应当进行检索。即将在中国专利文献中已有的涉及同样的发明创造的专利申请或者专利文件检索出来。如果是两件申请，无论申请日是否同日均适用重复授权的认定。如果是一项专利权、一件专利申请，仅限申请日相同的情形适用于重复授权的认定。

第三章　选择适当的检索范围

第一节　产品领域的选择

一、相同及实质相同检索时领域的选择

外观设计实质相同的判断仅限于相同或者相近种类的产品外观设计。对于产品种类不相同也不相近的外观设计，不进行涉案专利与对比设计是否实质相同的比较和判断，即可认定涉案专利与对比设计不构成实质相同。例如，毛巾和地毯的外观设计。

（一）在相同种类产品中检索

相同种类产品是指用途完全相同的产品。例如，机械表和电子表尽管内部结构不同，但是它们的用途是相同的，所以属于相同种类的产品。

（二）在相近种类产品中检索

相近种类产品是指用途相近的产品。例如，玩具和小摆设的用途是相近的，两者属于相近种类的产品。应当注意的是，当产品具有多种用途时，如果其中部分用途相同，而其他用途不同，则两者应属于相近种类的产品。例如，带 MP3 的手表与手表都具有计时的用途，两者属于相近种类的产品。

二、特征组合检索时领域的选择

《专利审查指南》规定，作为某种类外观设计产品的一般消费者应当对涉案专利申请日之前相同种类或相近种类产品的外观设计及其常用设计手法具有常识性的了解。由此可见，一般消费者通常只对相同或相近种类产品的现有设计状况具有一定的认知水平，但对于其他种类的产品的现有设计状况并

不了解。在涉案专利与在先设计存在区别设计特征的情况下，一般消费通常不会主动去其他种类产品中寻找该区别设计特征，并将其与在先设计相结合以获得与涉案专利的整体视觉效果基本相同的产品。通常情况下，只有相同或相近种类产品的现有设计特征才存在组合的可能性。

但是，在《专利审查指南》第四部分第五章第6.2.3节规定的明显存在组合手法的启示的情形（3）"将产品现有的形状设计与现有的图案、色彩或者其结合通过直接拼合得到该产品的外观设计；或者将现有这几种的图案、色彩或者其结合替换成其他现有设计的图案、色彩或者其结合得到的外观设计"中就突破对产品种类的限制。这是因为，图案、色彩或者其结合在外观设计中通常属于相对独立的设计要素，当其仅仅起到装饰作用并且没有与其他形状设计要素产生彼此呼应的效果时，可以在相当广泛的范围内易于应用到各种不同种类的产品中，通过这种组合手法获得的外观设计创造性水平较低，从立法角度不应该鼓励。例如，涉案专利为表面具有牡丹花图案的冰箱，在先设计为表面具有荷花图案的冰箱，两者区别仅在于图案不同，如果现有设计中还公开了表面具有与涉案专利相同的牡丹花图案的衣柜，并且对一般消费者而言，鲜花图案仅仅起到装饰作用，它既可以应用于冰箱的表面。也可以应用于衣柜的表面，虽然冰箱与衣柜属于不同种类的产品，但两者依然可以组合破坏涉案专利的创造性。

因此，在具体的审查、检索实践中，考虑组合启示通常只在相同或相近种类的产品中进行，但并不排除突破产品种类限制的可能性❶。

三、转用检索时领域的选择

《专利审查指南》第四部分第五章第6.2.2节规定，以下几种类型的转用属于明显存在转用手法的启示的情形，由此得到的外观设计与现有设计相比不具有明显的区别：① 单纯采用基本几何形状或者对其仅作细微变化得到的外观设计；② 单纯模仿自然物、自然景象的原有形态得到的外观设计；③ 单纯模仿著名建筑物、著名作品的全部或者部分形状、图案、色彩的得到的外观设计；④ 由其他种类产品的外观设计转用得到的玩具、装饰品、食品类产

---

❶　吴大章. 外观设计专利实质审查标准新讲［M］. 北京：知识产权出版社，2013：45 – 84.

品的外观设计。上述情形中产生独特视觉效果的除外❶。

由此得出，前 3 种情形如果未产生独特视觉效果，无须检索；第 4 种情形通常应在被转用种类的产品领域进行检索。其他转用的情形，由于要考虑具体的转用手法存在的启示，还需要在相同或相近种类产品的现有设计中对该启示进行检索，即是否有将该外观设计转用的先例❷。

四、套件、带多个部件的产品领域的选择

套件产品如果各产品不在同一小类，选择检索领域时应当兼顾各套件的领域类别。对于带多个部件的产品，则需要兼顾零部件的领域和整体的领域。

第二节　检索资源的选择原则

正如本书第二部分对外观设计专利检索资源的归纳和整合，外观设计可用的检索资源类型多、数量大，尤其互联网检索资源的网站质量参差不齐。因此，实施检索前应当对检索资源有整体的预估判断，才能避免走弯路，提高检索效率。总结起来，检索资源的选择原则主要涉及以下三个方面。

一、以产品类型为基础

使用外观设计的产品类型不同，在各检索资源中的分布情况也是千差万别。例如，由于专利文献中面料类平面产品数量大，在各类型专利文献检索的数据库中平面产品检索的局限性大，因此，优选互联网检索，以图搜图的网站有利于平面产品的检出；小轿车在汽车类的行业门户网站数量多、种类齐全，可优选在汽车门户网站进行检索。因此，综合分析产品类型，是恰当选择检索资源的前提条件。

二、以可信网站为依托

互联网可检索资源相关网站建设形式差别大，管理水平参差不齐。为了

---

❶ 中华人民共和国国家知识产权局. 专利审查指南［M］. 北京：知识产权出版社，2010：153－155.

❷ 吴大章. 外观设计专利实质审查标准新讲［M］. 北京：知识产权出版社，2013：45－84，119－149.

尽量避免日后数据篡改、证据难以查证的情况发生，在选择互联网资源时应当选择可信网站进行检索。由于互联网资源是动态变化的，随着时间的变化可信网站可能变为不可信网站，选择时也可参考常用搜索引擎中对相关网站的评估评价作为选择可信网站的参考。例如，百度搜索引擎对网站的用户评价，V1 代表 0~40 的评分，表示基础信誉积累；V2 代表 41~90 的评分，表示良好信誉积累；V3 代表 91+ 的评分，表示优质信誉积累。

三、以专利文献为优选

专利文献是经过各国专利局严格审查，并定期及时公布的文献类型，具有内容可靠、更新及时、出版迅速、公开内容详细、格式规范化等特点。因此，无论是证据的清楚、准确性，还是证据的可靠性，都是外观设计专利检索的最优对比文件。特别是在面临互联网数据更新快、证据容易出现修改或不可再现的情况下，如果能够找到专利文献作为对比文件，理应作为优选。

第三节　检索时间的选择

检索时间确定时，除了应当遵循本部分第二章第四节"时间界限"的要求外，还可以进行检索时间的选择。一般来说，不同的年代往往会流行不同的设计，因此，理论上在先专利的申请日与本专利的申请日一般不会相差太久。因此，可以先从最有可能的年份入手，有时可能会节约时间。同时，通过年份划分后，每次显示的专利数量会减少，也减轻了系统运转的负担，更有利于找到合适的对比文件。

第四章 实施检索

第一节 外观设计专利基本检索途径

一、分类号检索

由于专利分类体系为保存和检索由各专利局拥有的每件专利文献提供支持，因此，通过分类号检索是外观设计专利检索最标准统一的途径。

我国外观设计专利采用的洛迦诺分类法，分类号由"LOC""版本号""大类号－小类号"组合而成，如 LOC（10）06－04。各类外观设计专利检索系统中标引的外观设计专利分类号，都是指"大类号－小类号"。该分类体系各小类下的产品项，种类繁多、形态各异，如果遇到申请数量大的小类，如05－05、09－03 等，仅使用分类号检索效果不佳。

美国、日本、韩国和欧盟均有自己的分类体系，和洛迦诺分类体系相比，上述国家或地区的分类体系详细，能够很大程度提高检索效率。通过本部分第二章第一节中国际外观设计分类号的转换方法，可以获得其他分类体系的准确分类号并实施检索。

目前，适用分类号检索的系统有 D 系统、Orbit 数据库、Soopat 专利检索数据库以及国外官网外观设计专利公报检索系统等专利文献数据库（如表4－4－1所示）。

表 4 – 4 – 1　分类号检索案例

产品名称	手持灯具	申请日	20130923
外观设计 图片		简要 说明	1. 本外观设计产品的名称：手持灯具； 2. 本外观设计产品的用途：本外观设计产品用于手持灯具； 3. 本外观设计产品的设计要点：产品的形状； 4. 最能表明本外观设计设计要点的图片或照片：立体图
检索要素		洛迦诺分类号 26 – 02	
检索资源		D 系统的日本数据库	
分类号 检索	洛迦诺分类号 检索日本库	用洛迦诺分类号 26 – 02 检索 D 系统日本数据库的该分类号申请现状，查询得到手持灯具类产品相应的日本本国分类号是 D3 – 500	
	日本细分类号 检索	用日本本国分类号 D3 – 500 检索 D 系统日本数据库，在检索结果页面扉页获得与本外观设计专利申请相同的对比文件	
检索结果		对比 文件	申请号：JPD2011 – 447 产品名称：手提电灯 公开日期：2011 – 11 – 07 申请日：2011 – 01 – 12 注册号/文献号：JPD1426469

二、关键词检索

关键词搜索是网络搜索索引的主要方法之一，本部分第二章第二节中详细列举了关键词的提取途径和策略。目前，所有专利检索或互联网网页搜索都支持关键词检索。需要特别说明的是，D 系统仅有产品名称和简要说明这两个检索入口支持关键词检索。并不是常规意义进行全文检索的关键词检索。在 D 系统中进行关键词检索时，需要对不同途径获得的关键词加以区分，有针对性地进行产品名称或简要说明的关键词检索（如表 4 – 4 – 2 所示）。

进行关键词检索时，应当灵活运用逻辑运算符。D 系统的逻辑运算符在第二部分第一章第一节的"著录项目信息检索"中已经做了介绍。互联网检索时，网页搜索都支持布尔运算符，只是具体的使用方法略有区别。在不同网站检索时，如果需要用到布尔运算符，建议提前检索该网站运算符的使用情况。

由于百度搜索引擎的数据库数量大，现以百度搜索引擎为例简单介绍布尔运算符的使用。逻辑"与"为空格，如"汽车｜电动"；逻辑"或"为"｜"，如"瓷砖｜面砖"；逻辑非为"－"，并且"－"前必须输入一个空格，如"服装－配饰"。

表4－4－2　关键词检索案例

产品名称	睡袋（大间条双面布背心式圆摆）	申请日	20131218
外观设计图片		简要说明	1. 本外观设计的名称：睡袋（大间条双面布背心式圆摆）。 2. 本外观设计用途：睡觉使用的睡袋。 3. 本外观设计的设计要点在于：形状和图案。 4. 最能表明设计要点的图片或者照片：主视图。 5. 省略其他视图
检索要素	睡袋　条纹　背心式		
检索要点	睡袋　条纹　背心式		
检索资源	淘宝		
检索结果		对比文件	http：//detail. tmall. com/item. htm？spm＝a230r. 1. 0. 0. PK1TC4&id＝35072201835 最早的销售评价是在2013年9月30日，早于本申请的申请日

三、图形检索

图形检索是通过搜索图像视觉特征得到与被检索图形相同或相近似的图片信息。D系统中称为图像检索，选择一幅被检视图进行匹配检索。互联网中称为以图搜图，一般可以通过上传图片或者图片的url地址进行搜索。

图形检索资源仅限于D系统和互联网资源中以图搜图的网站。D系统中图像检索如果没有其他检索条件限定，数据量较大，会影响检索效率，因此通常需要结合其他检索要素进行复合检索。互联网以图搜图的检索入口仅支持上传图片或者 url 地址。互联网检索时，如果被检视图是未进行外观设计专利公告的图片，检索人员又需要本地上传图片进行检索，应当对此负有保密责任，需要先行在互联网找到类似替代图片，再上传图片检索。

第二节　外观设计专利的复合检索

我国外观设计专利申请数量大，现有的 D 系统服务器承载能力有限，同时，该系统的关键词检索局限性明显，因此，单凭某一种检索途径进行检索，检索效率低、系统运转负担重，因此，外观设计专利的检索适合动员各种资源和途径进行复合检索。复合检索最重要的两个方面是检索资源的复合，以及检索途径的复合。

一、互联网和 D 系统的复合检索

互联网既包含专利文献也包含非专利文献等，网页信息数量大且全面，是对 D 系统专利文献数据的补充。通过互联网检索不断调整关键词，找到检索要点，再返回 D 系统进行精准检索。这既能弥补互联网数据公开时间难以确定、可信程度低于专利文献的缺点，也大幅度提高了 D 系统的运转效率（如表 4-4-3 所示）。

表 4-4-3　互联网和 D 系统的复合检索案例

产品名称	瓶子（4）	申请日	20140507
外观设计图片		简要说明	1. 本外观设计产品的名称：瓶子（4）。 2. 本外观设计产品的用途：本外观设计产品用于盛装水等东西。 3. 本外观设计产品的设计要点：整体形状，瓶身处有手指印。 4. 最能表明本外观设计设计要点的图片或照片：主视图。 5. 省略视图：后视图、左视图、右视图与主视图相同，省略上述视图

续表

检索要素		分类号：0901，关键词：矿泉水、瓶
检索资源		百度、Soopat 专利数据库、D 系统
检索过程	第一步：百度	百度图片搜索中以关键词"矿泉水"进行检索，从所显示的图片中找到矿泉水品牌"景田百岁山天然矿泉水"，图片与本外观设计的整体形状相似，但是凹槽部位设计有较明显的区别，需要继续检索
	第二步：D 系统	以分类号：0901，申请人：景田，进行关键词检索，未找到接近的外观设计。但是获得多个与其有关的公司名称，例如：深圳景田实业有限公司，深圳市景田食品饮料有限公司等。无论上述哪个公司名称，外观设计申请的设计人均为周敬良
	第三步：Soopat	以"景田 瓶"检索，获得与本案相接近的对比文件，该案的申请人为"周敬良"，经互联网查询确认，周敬良为深圳景田食品饮料公司的法人（如果不通过 Soopat 检索，在第二步 D 系统的检索结果中，各景田相关公司的设计人均为"周敬良"，通过姓名追溯检索可达到同样的效果）
	第四步：D 系统	在 D 系统中进行再次检索，检索条件是：分类号"0901"，申请人"周敬良"，主视图为被检视图。最终检索出下述对比文件
检索要点		申请人：周敬良
检索结果	对比文件	申请号：CN02325546.3 主分类号：09 – 01 产品名称：饮料瓶（34） 公告日：2002 – 11 – 13 公告号：CN3263148 申请日：2002 – 05 – 09 申请人：周敬良

二、分类号、关键词、图形的复合检索

常用的外观设计专利检索数据库中 Orbit、Soopat 可以实现分类号和关键词的复合检索。D 系统特有的图像检索功能不适用于单独检索，因此，和分类号、关键词的复合检索就成为 D 系统独有的检索策略。复合检索有利于锁定较小的检索范围，提高检索效率（如表 4 – 4 – 4、表 4 – 4 – 5 所示）。

表 4 - 4 - 4　分类号、关键词和图形的复合检索案例 1

产品名称	LED 贝壳小夜灯（JZ - YD006）	申请日	20140331
外观设计图片		简要说明	1. 本外观产品名称：LED 贝壳小夜灯（JZ - YD006）。 2. 本外观产品用于一种 LED 照明灯具，用于夜晚照明。 3. 本外观产品的设计要点在于形状。 4. 本外观产品最能体现设计要点的视图为主视图。 5. 本外观产品的后视图无设计要点，省略后视图
检索要素	分类号 2605，LED 照明，贝壳，小夜灯，图形特征		
检索资源	D 系统		
检索过程	第一步：初步检索	以主视图作为被检视图，结合：分类号 2605，产品名称灯未检索到相关对比文件	
	第二步：图形处理	 去除背景　　　　　镜像视图方向	
	第三步：再次检索	在外部输入中上传上述处理后的视图，最终以上述右侧视图检索出对比文件	
检索要点	图形特征		
检索结果		对比文件	授权公告号：CN302562025S 申请日：2013 - 03 - 29 授权公告日：2013 - 09 - 04 主分类号：26 - 05

表 4 - 4 - 5　分类号、关键词和图形的复合检索案例 2

申请号	2014300594335		
产品名称	记忆枕	申请日	20140321
外观设计 图片	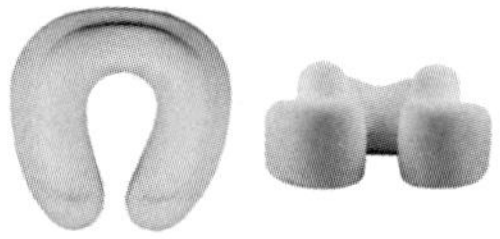	简要 说明	1. 本外观设计产品的名称：记忆枕； 2. 本外观设计产品的用途：本外观上设计产品用于旅行时在脖子上用于枕靠； 3. 本外观设计产品的设计要点：在于产品的形状及其材料在挤压后可以恢复原状； 4. 最能表明本外观设计设计要点的图片或照片：俯视图
检索要素	分类号 0609，记忆枕，枕，主视图		
检索要点	分类号（0609）、关键词（枕）、图形（主视图）		
检索资源	D 系统		
检索结果	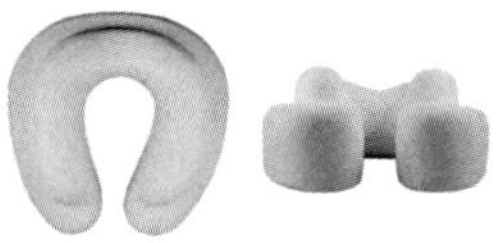	对比 文件	申请号：CN201330412599.6 主分类号：0609 产品名称：坐睡枕 公告日：2014 - 01 - 08 公告号：CN302707719S 申请日：2013 - 08 - 17 申请人：龚鲁岳

第三节　涉及特定特征的外观设计检索

一、涉及商标的检索

通常制造商为了标识产品的生产或服务来源，在产品的外观设计上标注商标信息以便消费者区别辨认同类产品。因此，外观设计专利申请中，视图中表达的设计内容涉及商标的情形不在少数，如果遇到此类申请，检索时可以优先利用该商标信息进行检索（如表 4 - 4 - 6、表 4 - 4 - 7 所示）。

表 4 - 4 - 6　涉及商标的检索案例 1

产品名称	杠铃片（一）	申请日	20130928
外观设计 图片		简要 说明	本外观设计名称为杠铃片（一），主要用于在健身器械杠铃或哑铃上，设计要点。 主要为产品的形状，主要为主视图所示，主视图用于出版专利公告。 后视图和与主视图相似，故省略后视图。 右视图与左视图相似，故省略右视图。 仰视图与俯视图相似，故省略仰视图
检索要素	杠铃片　SUPATUFF 10kg		
检索要点	10kg weight discs super tuff		
检索资源	百度、淘宝、google		
检索结果		对比 文件	http：//www.ebay.com.au/itm/2x - 15kg - Supatuff - rubber - coated - Olympic - gym - weight - plate - NEW - fitness - training - /271256966444 网页最早公开日期：20130819

表 4 - 4 - 7　涉及商标的检索案例 2

产品名称	皮衣（A10）	申请日	2014 - 06 - 30
外观设计 图片		简要 说明	1. 本外观设计产品的名称：皮衣（A10）。 2. 本外观设计产品的用途：本外观设计产品用于穿着。 3. 本外观设计产品的设计要点：产品的整体形状。 4. 最能表明本外观设计要点的图片或照片：使用状态参考图。 5. 省略视图：本产品为平面产品，设计要点仅涉及主后视图和使用参考图，故省略其他视图

检索要素	毛背心　马甲　黑色　卷毛　皮草　短款　女装　oasis		
检索要点	oasis　　毛背心		
检索资源	百度　爱皮革网		
检索结果		对比 文件	http：//www. ipige. cn/offerDetails_ 6261. html 发布时间：20110825

二、姓名追踪检索

这里所指的姓名，包括外观设计专利申请的申请人/专利权人、设计人和联系人。通过姓名追踪检索，可以查找出申请人/专利权人、设计人和联系人递交的关联申请，以及排查出递交申请前的使用公开等情形（如表4-4-8、表4-4-9所示）。

表4-4-8　姓名追踪检索案例1

产品名称	包装箱（香蕉牛奶）	申请日	20131215
外观设计 图片		简要 说明	1. 本外观设计产品的名称：包装箱（香蕉牛奶）。 2. 本外观设计产品的用途：用于食品外包装。 3. 本外观设计的设计要点：形状图案以及形状与图案的结合。 4. 最能表明设计要点的图片或者照片：立体图。 5. 后视图与主视图对称，仰视图无设计要点，所以省略后视图、仰视图

检索要素	重庆云升食品饮料有限公司（申请人），包装箱，香蕉牛奶，饮料	
检索要点	重庆云升食品饮料有限公司	
检索资源	百度搜索（该申请人官方网站）	
检索结果		对比文件	http://www.ysspyl.com/products_detail/&productId=ca72dd63－3cc6－46c3－80c0－22f48e8bf874.html 公开时间：20131121

表 4－4－9　姓名追踪检索案例 2

申请号	2013306562297		
产品名称	功率双路电子电器插座（电脑管理八传感器）	申请日	20131230
外观设计图片		简要说明	1. 本外观设计产品的名称：功率双路电子电器插座（电脑管理八传感器）。 2. 本外观设计产品的用途：家用电子电器与计算机的接口装置。 3. 本外观设计产品的设计要点：元器件的安排。 4. 最能表明本外观设计设计要点的图片或照片：套件 1 立体图。 5. 省略视图：套件 2 左视图无意义，套件 2 后视图与其主视图、套件 2 仰视图与其俯视图具有对称性，省略这三图。 6. 请求保护的外观设计包含色彩

续表

检索要素	插座 接口装置 曾艺（设计人）	
检索要点	设计人：曾艺	
检索资源	D 系统	
检索结果	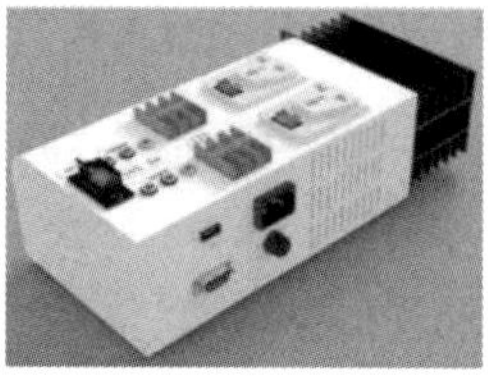 备注：该对比文件与本外观设计专利申请不构成实质相同，但一定程度上反映了最接近的现有设计的情况。可用作创造性高度评判的参考。	对比文件	申请号：CN201130507557.1 主分类号：13-03 产品名称：计算机管理两传感器双路两组开关电器插座 公告日：2012-09-19 公告号：CN302080967S 申请日：2011-12-30 设计人：曾艺

如果在外观设计专利申请中获得产品的商标信息，但是通过商标检索未得到对比文件，此时可以尝试通过国家商标总局的商标查询，获得商标持有者的姓名或名称，进而尝试姓名追踪检索。例如，表4-4-7所举案例，视图中显示产品设计商标"oasis"，经过商标查询，获得该商标的持有者为"OASIS STORES LIMITED"（公司英文全称）、"中国奥时裳（上海）服装贸易有限公司"。

三、地域性检索

具有民族特色的产品外观设计往往具有地域性特点，尤其是同类型的设计者、制造商或生产厂家由于地域文化的影响，比较容易出现相似甚至相同的外观设计专利申请。例如，表4-4-10中的案例为贵州地区的民族服饰申请，通过申请人地址"贵州"的限定，检索到相同的抵触申请。

表 4 - 4 - 10　地域性检索案例

产品名称	苗族少女上衣	申请日	20120507
外观设计图片		简要说明	1. 本外观设计产品的名称：苗族少女上衣。 2. 本外观设计产品的用途：苗族少女的服饰。 3. 本外观设计的设计要点：体现于主视图。 4. 最能表明设计要点的图片或者照片：主视图。 5. 仰视图和俯视图无设计要点，均省略。 6. 请求保护色彩
检索要素	上衣　苗族　贵州（权利人地址）　红色　传统		
检索要点	贵州（申请人地址）		
检索资源	D 系统		
检索结果	备注：抵触申请	对比文件	申请号：CN201230078246.2 主分类号：02 - 02 产品名称：苗族女上衣（1 款） 公告日：2012 - 07 - 18 公告号：CN301984012S 申请日：2012 - 03 - 27

四、明显抄袭知名设计的检索

产品的外观设计是一件产品最外在、最直观的，并且最容易被模仿的创造形式，因此外观设计专利申请中，不乏直接抄袭知名设计，或者模仿知名设计的情形。对现有设计中相关知名设计详细了解，有助于大幅增高检索效率（如表 4 - 4 - 11 所示）。

表4-4-11　明显抄袭知名设计检索案例

产品名称	椅子（xs034）	申请日	20130802
外观设计图片		简要说明	1. 本外观设计产品的名称：椅子（xs034）。 2. 本外观设计产品的用途：本外观设计产品用于供人坐的椅子。 3. 本外观设计产品的设计要点：产品的形状。 4. 最能表明本外观设计设计要点的图片或照片：主视图
检索要素	椅子　红色　一体成型　曲线		
检索要点	潘东椅		
检索资源	百度		
检索结果		对比文件	百度百科：设计时间1959年，1968年强化聚酯塑料的使用，潘东椅从设计图纸转变为实体产品

五、设计院校申请的检索

外观设计专利申请中，工业设计院校的申请占据不小的比例。设计院校的申请大多为学生的设计作品，这些作品经常会参加各类型的设计比赛，有提前公开的可能，因此，此类申请可优先按照申请人或设计人在互联网检索，或者在各类型创意设计的门户网站进行检索（如表4-4-12所示）。

表 4 - 4 - 12 设计院校申请检索案例

产品名称	台灯（钓鱼）	申请日	20130205
外观设计图片		简要说明	1. 本外观设计产品的名称：台灯（钓鱼）。 2. 本外观设计产品的用途：本外观设计产品用于照明。 3. 本外观设计的设计要点：产品的形状及整体造型。 4. 最能表明设计要点的图片或者照片：立体图
检索要素	分类号：2605，关键词：台灯、猫钓鱼，申请人：广州铁路职业技术学院		
检索要点	台灯 猫钓鱼 广州铁路职业技术学院		
检索资源	必应 图片		
检索结果		对比文件	该图片上传的网站是申请人"广州铁路职业技术学院"培训课程网站，在"创新训练"模块展示出"2008 级有一个学生在进行台灯设计时，想到小时候所看动画片小猫钓鱼的情景……"。 百度快照标注时间：2010 年 10 月 6 日
公开时间确定	上述对比文件中网页未直接显示公开时间，通过复制网页地址：http://jpkc. gtxy. cn/swzx/kecheng/chuangxin_2. html，在百度搜索中直接查询该地址，获得百度快照的时间的标注时间：2010 年 10 月 6 日		

第四节　设计特征组合的外观设计检索

在目前的社会实践中，外观设计完全抄袭的情况比较少见，大多都是主体近似、细节修改的外观设计，因此，在外观设计检索实践中，经常会遇到现有设计或者现有设计特征组合检索的情况。一般情况在，在检索到主体相同或相近的情况下，可以进一步的针对某些设计特征进行有针对性的检索，或者检索设计特征组合的启示（如表 4 - 4 - 13 所示）。

表 4 - 4 - 13　设计特征组合的检索案例

产品名称	挂篮衣架	申请日	20160303
外观设计图片		简要说明	1. 外观设计产品的名称：挂篮衣架。 2. 外观设计产品的用途：可放物品，悬挂衣服的物品。 3. 外观设计的设计要点：整体形状。 4. 最能表明设计要点的图片：立体图
检索要素	分类号：03 - 01；06 - 04；07 - 07；08 - 08；23 - 02； 关键词：挂；架；衣；台；篮；框；收纳；置物		
检索要点	在初步检索过程中，未检索到整体形状接近的外观设计，但是分别获得了上部篮子和下部挂钩的现有设计。因此，本案可以尝试检索到能够获得启示对比文件，用来评价该外观设计是否属于现有设计的组合的情形。		
检索资源	D 系统		
检索结果	对比文件 1　篮子	对比文件 2　挂钩	对比文件 3　组合的启示
公开时间确定	上述对比设计的公开时间依次为：2014 - 07 - 30、2010 - 02 - 17、2009 - 12 - 09，均早于本外观设计的申请日		

第五节　检索时需要考虑的其他因素

从理论上说，任何完善的检索都应当是既全面又彻底的检索，但是从成本、合理性等角度考虑，检索的程度应当有一定的限度。因此，外观设计专利检索时，首先要确定检索结果的目的、用途，对外观设计可能检索的资源和时间范围作出初步的预判，以便能较客观地判断出停止检索的检索程度。此外，对于外观设计专利的确权或查新类型的检索，应当考虑外观设计专利是否具备检索的前提条件。外观设计专利保护的产品外观设计属于下列情形之一的，不必对该产品外观设计专利进行检索❶。

（1）不符合《专利法》第二条第四款的规定；

（2）属于《专利法》第五条第一款或者第二十五条第一款第（六）项规定的不授予专利权的情形；

（3）图片或者照片未清楚地显示要求专利保护的产品的外观设计。

---

❶ 中华人民共和国国家知识产权局. 专利审查指南［M］. 北京：知识产权出版社，2010：501.

第五部分

不同领域外观设计专利的检索

——以家具和照明领域为例

从工业设计水平比较发达国家的外观设计制度发展来看，外观设计实施实质审查制度是促进创新、提升外观设计专利质量的一个重要途径。但是，按照我国目前工业设计的发展阶段及外观设计专利申请的现状，仍需要实行初步审查制度来逐渐过渡。目前的外观设计专利权评价报告制度作为初步审查制度的一个有益的补充，发挥着重要的作用。

结合外观设计近几年各领域的申请量变化趋势及专利权评价报告请求量的变化，本书根据统计数据整理出近几年申请排在前几位的领域，主要为06类（家具和家居用品）的0601小类（座椅），02类（服装），09类（用于商品运输或装卸的包装和容器）的0901小类（包装瓶）、0903小类（包装盒），05类（纺织品、人造或天然材料片材）的0505小类（面料）、0506小类（人造或自然材料），26类（照明设备）的2605（灯具），14类（录音、通信或信息再现设备）的1403小类（便携式电话），23类（液体分配设备等领域），如表5-0-1所示。

表5-0-1　2014年至2016年3月外观设计申请分类占比

类别	06类	02类	09类	05类	26类	14类	07类	11类	23类
各主要大类占总申请量的比例	13.15%	12.72%	10.99%	6.44%	6.4%	5.95%	5.11%	4.92%	3.91%

据不完全统计，近几年专利权评价报告请求量排在前几位的领域，主要为06类、23类、26类、09类、07类、14类、12类。

综合上述外观设计申请量和专利权评价报告请求量集中的几个领域发现，座椅领域和灯具领域是我国申请量排名靠前、侵权概率较高、请求专利权评价报告较多的类别。此外，我国在座椅领域有特有的风格，比如明清家具的设计风格；广东中山是灯具较为集中的生产设计地，发生侵权诉讼的概率很高，且当地有专门的维权组织，比较重视知识产权。所以本书选用这两个领域作为对前几章理论实践的展示，供读者参考。

第一章　座椅领域检索策略

第一节　座椅领域范围及特点

一、领域简介

在洛迦诺分类表中，06 类为家具和家居用品，座椅是 06 类的第一个分类号（0601）。选择"0601"小类，主要是因为该小类涉及了所有的座椅类产品，产品设计空间较大，设计的款式、风格较多。在 2014 年至 2016 年 3 月各类申请量占总申请量的比例中，06 类为 13.15%，排名第一；在 2014 年至 2016 年 8 月的外观设计专利权评价报告中，0601 小类的案件在全部小类中排名第一，值得检索。0601 小类主要为座椅类，包括所有座椅（即使其适用于躺卧），如长凳、长沙发、长榻、无扶手无靠背的长沙发椅、有垫矮凳、桑拿浴用长凳和沙发，也包括交通工具上的座椅。

二、领域特点

乔治·尼尔森在 1953 年指出："所有真正的原创思想，所有的设计创新，所有新材料的应用，所有家具的技术革新都可以从重要的典型椅子中发现。"纵观古今的椅子设计，总体造型在传统的 h 造型的基础上进行着细节的变化，如动物、卡通、花卉的具象造型，字母、数字、符号的抽象造型；或是在材质的变化中选择设计，如真皮、曲木、金属、布料、塑料、亚克力、高分子等；或是在功能的选择上进行设计，如折叠、拉伸、悬挂等。

了解椅子的特点，还应当了解椅子的设计风格，不同的设计风格代表着不同的历史时期，这一点对检索资源的选择以及检索时间的确定有着一定的帮助（具体见附录 H）。

第二节 座椅领域检索难点和重点

座椅领域的专利文献量很大，如何快速准确地锁定目标文献、提高检索效率是本领域检索需要解决的难题。其检索难点和重点主要体现在以下几个方面。

一、检索难点

（一）数据量庞大

以 D 系统数据库为专利文献数据来源进行统计分析，统计时间截至 2016 年 10 月 9 日。

图 5 - 1 - 1 清晰地显示了自 2000 年起 0601 小类外观设计专利申请在中国的公告情况。2000 年之前 0601 小类外观设计专利申请数量较少，每年仅 200 件左右，所以不在此次的对比年份之内。2000 年之后，随着设计水平和公众知识产权保护意思的增强，0601 小类外观设计专利申请量和授权公告量有了较大增长。拿公告量来讲，从 2009 年的 6045 件上升到 2010 年 7939 件，继而上升到 2012 年的 10314 件，是 2000 年公告量 859 件的 12 倍。

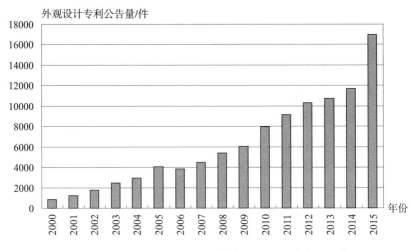

图 5 - 1 - 1　2000 ~ 2015 年座椅类中国外观设计专利公告量

外观设计公告量的增长，从侧面反映了申请量的增长变化，这显示出近年来，中国国内设计水平的提高、公众的审美需求的提高、社会需求量的提高。

（二）产品分类单一

0601 小类包含的产品种类较多，座椅类别庞杂，检索时运用的分类号较为单一，中国和 WIPO 没有细分类号。所以检索时在大数据库中搜索目标较为困难。

二、检索重点

根据上述难点，0601 小类检索的重点如下。

（一）选择合适的分类号

在典型国家和地区中，单独使用洛迦诺分类号的国家和地区为中国和 WIPO；有自己国家细分类的为日本、美国和韩国。在进行检索时，运用本国分类号能较准确地定位。

（二）关键词的选取

该类别最通用的关键词为椅子、座椅、凳子。同时，还要结合产品名称其他信息，如产品型号、风格、代号、材料等内容进一步确定关键词。简要说明中的内容有时也是考虑的重要内容，如产品的用途、领域、产品设计要点等。

（三）注意对著名座椅、著名设计公司专利文献的检索

本书通过多个案例的检索实践发现，著名座椅、世界性设计竞赛获奖作品以及著名设计公司的产品均是被抄袭的对象。在进行检索时，可重点关注红点设计大奖、IF 设计大奖等竞赛的作品，关注宜家家居、曲美家居等著名家居公司的产品，TOLIX 公司的座椅等；同时还应关注知名座椅设计，如潘东椅、木马椅、球椅、水晶椅、贝里尼椅、Philippe Starck 椅、蝴蝶椅、雅各布森椅、瓦西里椅等。

（四）追踪检索策略的使用

追踪检索策略包括申请人、发明人、联系人、设计人追踪等。在检索过程中，根据案件的特点适时地使用追踪检索策略，能起到事半功倍的效果。

第三节　座椅领域的产品在各数据库中的分布情况

座椅领域的主要检索资源数据库分为专利资源和非专利资源两个部分。

一、专利资源数据库

（一）D 系统和 Orbit 数据库

D 系统中，中国 0601 小类的外观设计专利公告量为 110675 件，远远超过其他国家和地区的数据，所以没有在图表中体现。

从图 5 - 1 - 2 可以看出，D 系统中韩国的外观设计专利公告量较全，而日本、EUIPO、WIPO 和德国的外观设计专利公告量少于 Orbit 数据库。所以，在 D 系统检索过后，建议在 Orbit 数据库中查找，避免漏检。

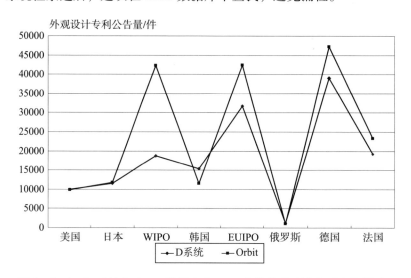

图 5 - 1 - 2　D 系统和 Orbit 数据库中 0601 小类外观设计专利公告量对比

（二）Soopat

Soopat 通过检索词限定检索范围。当输入"椅"时，检索结果为 59192 项；进一步限定分类号，检索式为"A（椅）AND FLH：（06 - 01）"，检索结果为 40706 项；再进一步限定产品特征，检索式为"（椅）AND FLH：（06 -

01）AND（靠背）"，检索结果为 1373 项。Soopat 中的数据量低于 D 系统，可以作为辅助检索使用。

（三）外国官网数据

通过检索发现，美国官网 0601 小类外观设计专利公告量为 9279 件，日本官网 0601 小类外观设计专利公告量为 11880 件。用这两个国家的数据对比来看，美国在 D 系统中的数据最多，其次为 Orbit，最后为官网；而日本在官网的数据最多，其次为 Orbit，最后为 D 系统（如图 5-1-3 所示）。

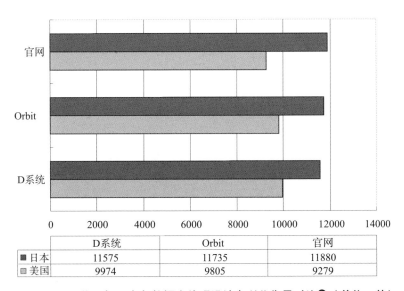

	D系统	Orbit	官网
■ 日本	11575	11735	11880
▧ 美国	9974	9805	9279

图 5-1-3　美国与日本各数据库外观设计专利公告量对比❶（单位：件）

所以，在进行精细检索时，应对外国官网和 Orbit 数据库进一步补充检索。

二、非专利资源数据库

非专利资源数据库主要涉及互联网资源和 0601 小类的著名品牌产品。互联网资源主要从行业综合类网站、交易平台类网站、企业官方网站以及论坛博客类网站中选择（如表 5-1-1 所示）。

---

❶ 数据截至 2016 年 11 月 8 日。

表5-1-1　0606小类非专利检索资源

品牌列举	行业综合类网站	交易平台类网站	企业官方网站	论坛、博客类网站
曲美、惟易家居、红苹果、宜家、美克美家、全友、双叶、联邦、华丰、华日	中国家具网（www. szfa. com）、中国办公家具网（www. cn-office. com）、中华室内设计网（www. a963. com）、A家网（www. 51ajia. com）、家具导购网（china. gojiaju. com）、太平洋家居网（www. pchouse. com. cn）	中国家具商城（www. zgjjsc. com）、美乐乐家具网（www. meilele. com）、香河家具城官网（mall. cnjiaju. com）、京东商城（www. jd. com）、淘宝（www. taobao. com）	曲美官网（www. qumei. com）、红苹果官网（www. redapple. com. cn）、宜家官网（www. ikea. com）、皇朝家私官网（www. hkroyal. com）、东方百盛官网（www. dfbs. com. cn）	中国家具论坛（www. furniturebbs. com）

在对上述网络进行大量检索测试后，可以得出以下结论（如表5-1-2所示）。

表5-1-2　0601小类非专利检索资源推荐程度

网站名称	图片发布时间	是否推荐	备注
中国家具网	有	推荐使用	无
中国办公家具网	有	推荐使用	无
中国家具商城	有	推荐使用	无
京东商城	有	推荐使用	准确的上架和评论时间，图片内容详细
淘宝	有	推荐使用	成交记录
宜家家居	无	辅助使用	无
A家网	无	辅助使用	商品的照片，可以在原厂家找相应的产品
家具导购网	无	辅助使用	点击"进入店铺"进入商家界面
香河家具城官网	无	辅助使用	显示产品商家，可以与商家交谈
太平洋家居网	无	不推荐使用	搜索结果为新闻报道，只有点击报道才能进入，看到图片，时间也只有报道的时间

三、需要扩展的检索资源数据库

为了防止漏检情况的发生，对国外的官网进行补充检索，是必须的也是必要

的。0601 小类产品的英文名字主要涉及 bench、chair、highchair、seat、bar chair、arm chair、massage chair、seating、sofa、rattan chair、lounge‐chair、pop up chair。日文名字主要涉及いす、椅子、ベンチ、ソファ、劇場用いす。韩文名字主要涉及침대소파、의자、발 받침대、벤치、벨트마사지기。

在各国官网进行检索时，除了运用洛迦诺分类号之外，还应灵活掌握各国检索系统的特点，运用逻辑符综合限定关键词，缩小检索范围，提高检索效率。同时还应综合考虑所在国的细分类号。

第四节　座椅领域检索资源的选择原则

检索策略的构建在很大程度上依赖于数据库的选择，检索人员越透彻了解数据库的特点，其所能构建的检索策略就越恰当。检索资源的选择原则主要从两个方面考虑：① 保证检索资源涵盖尽可能所有相关的现有技术；② 有利于提高检索效率。

本领域的检索资源有以下选择原则。先中文数据库、后外文数据库。优先选用 D 系统，D 系统不仅包括中国的所有外观设计的公报数据，也包括美国、日本、韩国、WIPO、EUIPO 等国家或地区的外观设计公报数据。由于 Orbit 数据库必须使用外网，且每天的下载量是限制的；在首选 D 系统之后，可以再在 Orbit 数据库中进行检索。外文数据库主要是指部分官网的对外公开的数据库，这些数据库可以作为 D 系统之后的补充检索；同时，针对部分国外申请的检索，也可以利用外文官网进行检索。

第五节　座椅领域检索策略和实例

一、正确选用关键词

首先，从产品名称出发，产品名称括号内的内容也应考虑，其型号、形状、色彩等可以提供检索要素；其次，从产品的形状出发，椅子腿的数量、靠背是否镂空、是否有把手、是否有轮子、是否有靠背、设计风格、制作工艺（如草编等）、原材料（如塑料等）均可以作为检索关键词；再次，从产品简要说明出发，确认椅子的用途、使用场所、使用方式等；最后，从申请人、联系人的相关信息寻找检索线索。借助相应的外文关键词直接进行检索有时也会提高检索效率。

二、运用分类号与关键词复合检索

本申请的主题是鼓椅，首先确定检索要素，根据外观设计图片或者照片所示的内容，将外观设计产品名称"鼓椅"作为检索要素。同时根据视图可知，该产品名称也可能被命名为鼓凳、凳子（鼓形）、鼓状凳子等。所以确定"鼓"是必须要检索的检索关键字。由于该分类号比较明确，所以直接选择分类号 0601 作为联合检索要素。具体检索过程如表 5 - 1 - 3 所示。

表 5 - 1 - 3　分类号和关键词复合检索案例

产品名称	鼓椅		
外观设计图片	设计1主视图　设计1立体图　设计1仰视图 设计2主视图　设计2立体图　设计2仰视图	简要说明	1. 本外观设计产品的名称：鼓椅； 2. 本外观设计产品的用途：主要用作家具； 3. 本外观设计产品的设计要点：产品的形状； 4. 最能表明本外观设计设计要点的图片或照片：设计 1 立体图； 5. 省略视图：设计 1 和设计 2 的后视图与主视图对称，右视图与左视图对称，故省略设计 1 和设计 2 的后视图和右视图； 6. 指定基本设计：设计 1 为基本设计
检索要素	分类号：0601　　关键词：鼓椅、鼓凳、凳子（鼓形）、鼓状凳子、凳 + 鼓		
检索要点	鼓		
检索资源	根据申请人信息得知，该申请人为国内的个人，因此，优先在 D 系统进行检索，其次在 Orbit 数据库进行检索		

	编号	数据库	命中记录数	检索式
检索过程	1	D	0	（"鼓 椅"：M_NAME）＋AND＋（"0601"：M_MAIN_CLASS）
	2	D	29	（"鼓"：M_NAME）＋AND＋（"0601"：M_MAIN_CLASS）
	3	D	3932	（"凳"：M_NAME＋"鼓"：M_NAME）＋AND＋（"0601"：M_MAIN_CLASS）

在 D 系统中，使用关键词和分类号联合的方式较为合理，但使用多个关键词同时限定时，数据库数据过多，不建议使用，建议使用单个关键词和分类号限定的方式进行检索。在使用编号 2 的检索式时，检索到相应的对比设计如下

检索结果	后视图　　仰视图 右视图　　主视图　　左视图 立体图　　俯视图	对比文件	申请号：CN200430044473.9 主分类号：06 - 01 产品名称：凳子（鼓形） 公告日：2005 - 02 - 23 公告号：CN3427145 申请日：2004 - 07 - 15 申请人：梁腾科

案例启示	直接运用被检索对象的产品名称检索，有时检索到的数据为 0，这时候需要重新提取关键词，同时借助分类号，即分类号与关键词联合检索能起到事半功倍的效果

三、运用各国细分类表

椅子类在洛迦诺分类号中为 0601 小类，中国和 WIPO 直接使用该分类号；日本、美国、韩国有自己的细分类号。检索时，为了防止漏检，应根据各国对应的细分类号一一检索，检出率高于直接用"0601"检索。常见国家的细分类表可在相应国家的官网查询。

本书针对美国、日本、韩国的细分类情况进行了概括总结，着重对 0601 类进行了产品分类对照，便于检索使用（具体见附录 F 和附录 G）。具体检索过程如表 5 - 1 - 4 所示。

表 5-1-4 运用各国细分类表检索案例

产品名称	酒吧椅（3）		
外观设计图片	设计1各视图 设计2各视图	简要说明	1. 本外观设计产品的名称：酒吧椅（3）； 2. 本外观设计产品的用途：用于酒吧就座； 3. 本外观设计的设计要点：产品的形状和图案； 4. 最能表明设计要点的图片或者照片：立体图； 5. 设计1为基础设计；左视图与右视图对称，省略左视图；仰视图和俯视图无设计要点，省略仰视图和俯视图

检索要素		0601			
	分类号	韩国细分类号	日本细分类号	美国细分类号	
		D213 D213A D213AA D213AB D213BA	D721	D06349；D06485； D06484；D06488； D06351；D06352 D06355	
	关键词	中文	酒吧椅、酒吧凳	三角凳、凳	椅
		外文	スツール、보조의자	stool	Chair seat
检索要点	凳				
检索资源	座椅类的申请，在国内申请量较大，优先选择D系统中的中国库；其次选择韩国、美国和日本的数据。在使用国外的数据时，优先使用细分类				

检索过程				在中国库没有找到相应的对比设计，因此转入外国库，在外国库中运用细分类进行检索，数据量不是很大。经检索，发现在韩国库和日本库中均找到相应的对比设计

	编号	数据库	命中记录数	检索式
检索过程	1	D 中国库	75931	（"0601"：M_MAIN_CLASS）
	2	D 中国库	3922	（"凳"：M_NAME）＋AND＋（"0601"：M_MAIN_CLASS）
	3	D 中国库	267	（"酒吧椅"：M_NAME）＋AND＋（"0601"：M_MAIN_CLASS）
	4	D 中国库	30	（"酒吧凳"：M_NAME）＋AND＋（"0601"：M_MAIN_CLASS）
	5	D 韩国库	1210	（"0601"：M＿MAIN＿CLASS）＋AND＋（"D213"：M_COUNTRY_CLASS＋"D213A"：M＿COUNTRY＿CLASS＋"D213AA"：M＿COUNTRY＿CLASS＋"D213AB"：M＿COUN-TRY＿CLASS＋"D213B"：M＿COUNTRY＿CLASS＋"D213BA"：M_COUNTRY_C LASS）
	6	D 日本库	217	（"0601"：M＿MAIN＿CLASS）＋AND＋（"D721"：M_COUNTRY_CLASS）

检索结果		对比文件	申请号：KR30 - 2012 - 0036708 洛迦诺分类号：06 - 06；06 - 01 本国分类号：D2 - 13A 产品名称：보조의자 公开日：2013 - 09 - 25 申请日：2012 - 07 - 27 注册日：2013 - 09 - 12 注册号：KR30 - 0709402 申请人：임무록

后视图　仰视图　右视图　主视图　左视图　立体图　俯视图

续表

		案例2	
检索结果	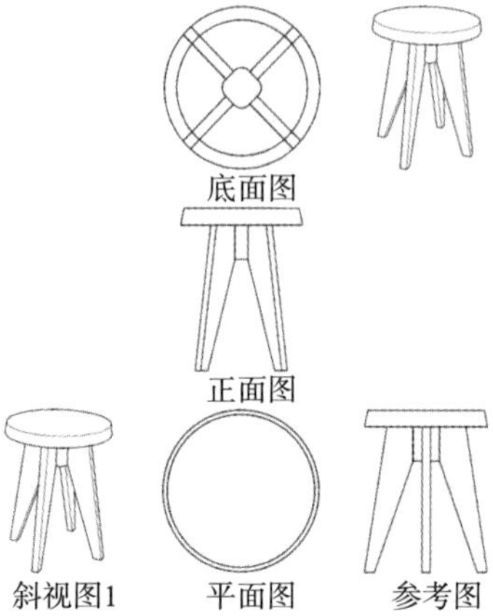 底面图 正面图 斜视图1　平面图　参考图	对比 文件	申请号：JPD2010 – 20096 洛迦诺分类号：06 – 01；06 – 06； 25 – 04 本国分类号 D7 – 21 产品名称：スツール 公开日：2011 – 02 – 21 申请日：2010 – 08 – 19 注册日：2011 – 01 – 21 注册号：JPD1407917 申请人：ナゼロ株式会社
案例启示	在座椅领域，洛迦诺分类较粗，直接进行 0601 小类的分类号进行检索时，数据大，不易查找对比文件。在中国库找不到相应的对比文件时，应在外国库中结合相应的细分类号进行检索，数据量不是很大，容易查阅，同时与关键词联合能起到事倍功半的效果		

第二章　照明灯具领域检索策略

第一节　照明灯具领域介绍

对于照明灯具领域（洛迦诺分类 26 类）的检索，本章具体选择洛迦诺 2605 小类（灯具）作为代表，主要是因为该小类产品涉及家庭、个人等与生活密切相关的各种灯具，该小类灯具的使用者几乎囊括男女老少各类人群，而且该小类产品的设计空间大、样式多、更新换代快，在行业内比较容易发生纠纷事件。据统计，近年来向专利局提出的专利权评价报告中 2605 小类的案件数量位居前列，因此对该小类展开探究比较有意义。2605 小类具体包括：灯，落地灯，标准灯，枝形吊灯，墙壁和天花板装置，灯罩，反光罩，摄影和电影投光灯等。

第二节　照明灯具领域检索特点

该领域的一个检索特点是需要检索的领域跨度大。一般的灯具产品，只需要发光体、电源即可满足其照明功能，正因为功能性限定少的原因，用于装饰灯具的外形设计空间特别大，因此根据灯具多样的设计风格，需要检索的领域往往不局限于 2605 小类。检索时需要根据灯具的形状、图案等选择可能的分类号。例如，2605 小类的水晶吊灯、壁灯等，其灯饰上有可能采用蜡烛等仿古设计，检索时应当根据视图中显示出的产品形状，扩展到 2601 小类中的烛台、烛架，或者 2602 中的手提灯、灯笼等领域；另外，有时候还要根据情况扩展到 11 类、19 类、21 类等领域，因为一些摆件、文具、玩具等也有照明功能，存在被转用到灯具领域的可能性。例如表 5－2－1 中的灯具，检索时就需要相应地扩展检索领域。

表 5 – 2 – 1　灯具转用案例

被检索灯具	对比设计
主分类号：26 – 05 – L0030 产品名称：灯（迷你木吉他灯，#9031J – 623） 申请日：2001 – 05 – 21	主分类号：17 – 03 产品名称：吉他 申请日：1993 – 02 – 04
主分类号：26 – 05 – L0030 产品名称：灯（地球仪灯，#7964 – 002） 申请日：2001 – 04 – 23	主分类号：19 – 07 – T0155 产品名称：地球仪（半圆鼓腿座） 申请日：2000 – 09 – 12

　　该领域的另一个检索特点就是关键词比较重要但却不易提取。由于灯具领域的专利申请数量庞大，因此对于灯具类产品能否检索成功，与关键词的提取是否准确、全面有很大关系，而从一幅图片中准确提取具有独特特征的关键词是非常困难的。所以，对于此类产品在没有明确的品牌、厂家等情况下，可利用关键词联想丰富的综合性搜索网站进行首次搜索，以初步确认关键词，例如微软公司开发的必应图片搜索引擎，待获得进一步信息后再回到专利检索资源库（例如 D 系统）进行检索。

第三节　照明灯具领域检索难点

　　由于某些灯具独特的外形特点，如枝形灯，即吊灯、水晶灯等，这些灯具旁枝多，细节更是繁多，形式多变，图片检索非常困难，而且普遍是大型灯，图片中一般不会出现文字、标识信息，从灯具外形上也极难提炼出准确的关键词。对于该类灯具，可以选择各国细分类中"枝形灯"小类进行有针对性的筛查。除此以外，也可以系统地通过本书第四部分第一章中提到的"现有设计群"来充分了解被检索对象，之后再有针对性地进行检索，如选择更精确的年份或者国别等，根据这些因素来选择相应的数据库进行检索。

第四节　照明灯具领域的产品在各数据库中的分布情况

目前检索主要用到 D 系统和 Orbit 数据库，截至 2016 年 11 月 9 日，2605 小类专利数据量在 D 系统与 Orbit 数据库中对比如图 5－2－1 所示。

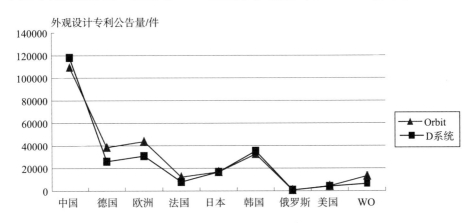

图 5－2－1　2605 小类产品在 D 系统和 Orbit 数据库的数据量对比

相对来说，国内 2605 小类资源在 D 系统中收录数量较全，国外 2605 小类资源在 Orbit 数据库中收录较丰富。对于有望在国外专利库中找到对比设计的，可优先选用 Orbit 数据库，尤其是德国、EUIPO、法国、日本、韩国、WIPO 等，以上国别在灯具领域的申请量较大，并且其中大部分国家在 Orbit 数据库中更新得更及时。

由于我国采用洛迦诺分类体系，每个类别的案件都比较多，在不确认著录项目相关信息的情况下，输入不够准确的关键词，往往形成大海捞针的局面，找不到想要的对比文件。针对这一难点，建议先从互联网或其他数据库中预先检索，待获得准确关键词、关键图片之后，再通过 D 系统进行检索。在搜索其他国家灯具时，也可以根据各国细分类视图特点，填入本国分类号进行检索，以提高检索效率。

第五节　照明灯具领域检索案例

本节将通过具体的案例详细地介绍灯具领域的一些检索策略。

案例 1

1. 案例目的

本案例着重介绍如何快速通过互联网资源提取被检索案件的关键词，找到可用的证据。

2. 检索情况（如表 5 – 2 – 2 所示）

表 5 – 2 – 2　2605 小类检索案例 1

产品名称	太阳能 LED 装饰灯（马赛克玻璃）	
外观设计图片	后视图　仰视图 右视图　主视图　左视图 立体图　俯体图　使用状态图	简要说明： 1. 本外观设计产品的名称：太阳能 LED 装饰灯（马赛克玻璃）。 2. 本外观设计产品的用途：本外观设计产品白天吸收太阳光充电，晚上能亮灯，可作小夜灯使用。 3. 本外观设计的设计要点：在于产品的形状。 4. 最能表明设计要点的图片或者照片：立体图
检索思路	首先从视图形式看，是照片视图，一般情况下照片视图相对于绘制或渲染视图来说更容易在互联网中检索到；其次，灯具顶部有太阳能板，鼓形的灯罩材质带有明显的马赛克风格，因此可以初步提取关键词，如"太阳能""马赛克""红色"等，在互联网中进行一次检索	
检索要素	分类号：2605 一次检索关键词：太阳能、LED、灯、装饰灯、马赛克、小夜灯、红色	
检索资源选择策略	一般来说，申请人对产品命名时提到的词语是检索时应考虑的第一关键词，但这类词语不一定是全面而准确的，而且带有一定的主观因素。为了更全面准确和客观地了解产品，一般首选关键词联想功能比较强大的网站，如必应图片、百度图片、360 图片等综合搜索引擎。笔者比较常用必应图片（http://cn.bing.com/images），该搜索引擎联想效率较高，检索时联想出来的近似关键词会出现在图片上方，比较方便点选	

检索过程	（1）输入关键词，出现如下界面 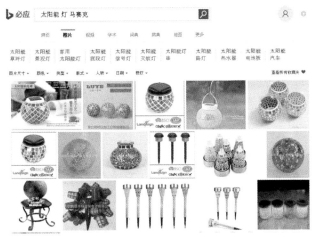 搜索框下方会自动出现相关度比较高的近似关键词，这些近似的关键词可以给我们更多的启示 （2）点击第一行第四个与本案相近的灯具，进入相应的网站。该网站属于介绍性的网站，比较稳定。而且从介绍信息中可以得到更多的灯具信息，如网页中出现了该款灯具的"class solar lamp""colorful mosaic""sunjar""英国 SUCK UK"等信息，有时候还会出现原创设计者、厂家等信息，这些信息均可以作为进一步检索的关键词，也可以尝试用申请人、设计者的信息到专利库中去检索是否申请过专利 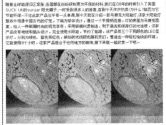 （3）放大左侧网页截图的题目，可以看到发布日期"2011 年 04 月 27 日"，在本申请的申请日之前，可以作为网络证据使用 

续表

检索结果	
案例启示	外观设计专利的检索与发明、实用新型专利不同，没有固定、明显和容易获得的关键词，需要我们在初步检索中不断地摸索、推敲，借助一些互联网资源筛选出更接近的关键词。在检索的过程中，不仅需要对案件本身进行分析，也需要对初次检索得到的资料进行仔细耐心地分析和观察，实时调整检索策略，灵活地选择检索资源

案例 2

1. 案例目的

本案例着重介绍当互联网资源搜索到的图片证据和时间证据不稳定时，如何结合互联网与 D 系统找到确凿的证据。

2. 检索情况（如表 5 - 2 - 3 所示）

表 5 - 2 - 3　2605 小类检索案例 2

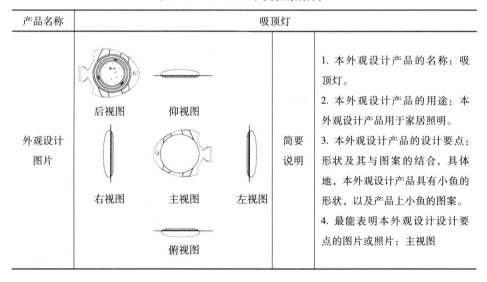

产品名称	吸顶灯	
外观设计 图片	后视图　仰视图 右视图　主视图　左视图 俯视图	简要 说明

简要说明内容：

1. 本外观设计产品的名称：吸顶灯。
2. 本外观设计产品的用途：本外观设计产品用于家居照明。
3. 本外观设计产品的设计要点：形状及其与图案的结合，具体地，本外观设计产品具有小鱼的形状，以及产品上小鱼的图案。
4. 最能表明本外观设计设计要点的图片或照片：主视图

检索思路	采用互联网与 D 系统相结合的思路，逐步确认"准确关键词"，分两次检索： 一次检索：通过必应图片，将"模糊关键词"确认为"准确关键词"； 二次检索：用"准确关键词"在 D 系统中检索
检索要素	分类号：2605 一次检索关键词：吸顶灯、鱼 二次检索关键词：多宝鱼
检索资源 选择策略	一次检索：由于第一次检索时关键词不够准确，需要进一步了解才能确定准确关键词，所以一次检索选择互联网搜索引擎"必应图片"。 二次检索：一次检索后得到准确关键词，但得到的证据缺少稳定性，因此第二次检索选择 D 系统进行检索
检索过程	（1）输入关键词，出现如下界面 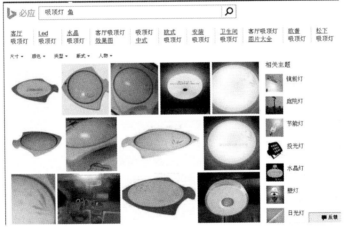 当一款产品销售较好时，往往会出现多个图片链接。此时，可以尽量多地点击图片链接，查看图片所在的网页的内容是否稳定、发布时间是否在本案申请日之前。另外还有一小技巧就是多往后翻，着重看排列在后的图片，因为排列在后面的图片所在网站的日期可能会更早，更容易找到在申请日之前的证据

	案例 2
检索过程	（2）找到最后一个鱼形吸顶灯，进入图片的链接，发现这是一个论坛的帖子，发帖时间为 2010 年，明显早于本案申请日 2013 年。本专利与对比设计均以中间圆形吸顶灯作为鱼的主要躯干，外围的鱼身形状也基本相同。可以初步猜测本专利申请模仿了著名品牌欧普照明中的多宝鱼款吸顶灯设计。由于论坛属于互动类型的网页，数据很容易被篡改，证据不稳定。因此，可根据网页中显示的准确关键词"多宝鱼"进一步在 D 系统中检索 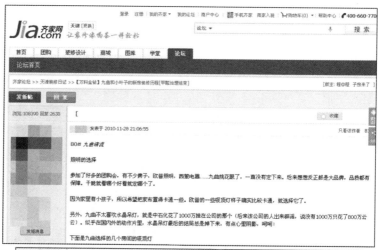 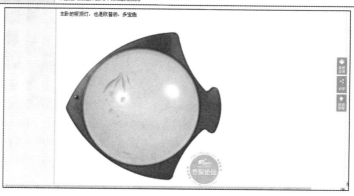

	案例2
检索过程	（3）用准确关键词"多宝鱼"在D系统中进行检索。 下方第1幅图片为D系统检索入口截图，检索时输入了分类号2605和关键词"多宝鱼"。第2幅图片为检索结果，可看到检索结果中只有一件专利，提高了检索的准确率
检索结果	 后视图　　仰视图 右视图　　主视图　　左视图
对比文件	申请号：CN200730063203.6 主分类号：2605 产品名称：儿童灯（多宝鱼） 公告日：2008－07－30 申请日：2007－08－03 申请人：中山市欧普照明股份有限公司
案例启示	本案例主要针对检索时的两种困难：一是由于灯具的设计日新月异，检索者不太可能做到对所有的灯了如指掌，确定准确的关键词难度比较大的问题；二是互联网资源时间证据不足、内容不稳定的客观难题。此种情况下，可尝试"互联网和D系统资源相结合"的综合检索方式，以提高检索效率和证据的稳定性

案例3

1. 案例目的

本案例一方面介绍 Soopat 专利资源库的优点在于输入关键词后会在产品名称、申请人、申请地址、简要说明等专利案件的所有文字信息中自动搜索，命中率较高。另一方面，通过本案例来介绍如何选择"关键图"，从而提高在 D 系统中"图像检索"模式下的检索效率。

2. 检索情况（如表 5 - 2 - 4 所示）

表 5 - 2 - 4 2605 类检索案例 3

产品名称	小台灯（卡通牛形充电）		
外观设计图片	后视图　　仰视图 右视图　　主视图　　左视图 立体图　　俯视图　　使用状态参考图	简要说明	1. 外观产品名称为：小台灯（卡通牛形充电）。 2. 外观产品的功能为：照明。 3. 外观产品的设计要点在于形状与色彩的结合。 4. 外观产品中的使用状态参考图是最能表明设计要点的。 5. 该外观产品请求保护色彩
检索思路	采用 Soopat 与 D 系统相结合的思路，逐步确认"关键图"，分三次检索： 一次检索：利用 Soopat 数据库可以全文检索的特点，检索相关的现有设计 二次检索：在 Soopat 中将一次检索结果进行对比观察，推断出本案需要的"关键图" 三次检索：利用二次检索找到的"关键图"在 D 系统中进行图像检索		
检索要素	分类号：2605 一次检索：Soopat 数据库，关键词"灯、牛" 二次检索：Soopat 数据库，寻找"关键图" 三次检索：D 系统，以"关键图"作为被检视图进行图像检索		
检索资源选择策略	从视图中可见该灯具为卡通牛造型，关键词首选"牛"，但是牛的造型比较多，要准确检索还需要选择出一个"关键图"，该"关键图"的选择标准应当是明显区别于现有牛形灯具的图片。如何才能快速浏览了解现有设计中的牛形灯具呢？此时就可以利用 Soopat 数据库全文检索的特点，搜索输入"创意 灯 牛"，之后再根据获得的现有设计进行观察、概括，推测出"关键图"		

检索过程	（1）Soopat 数据库中输入关键词，出现如下界面  可见关键词的搜索范围不仅涉及"产品名称""简要说明"，甚至包括"申请人""设计人"。Soopat 的优点就在于可以同时使用多个关键词，对所有文字信息进行搜索，提高命中率。对于案件的关键词比较多而且不确认关键词是否恰当时，可以在此进行一次检索 （2）搜索结果的左侧可以点选申请日，这样可以按照申请年份对搜索结果进行浏览，中上部可以选择按照"申请日升序""申请日降序"进行排序 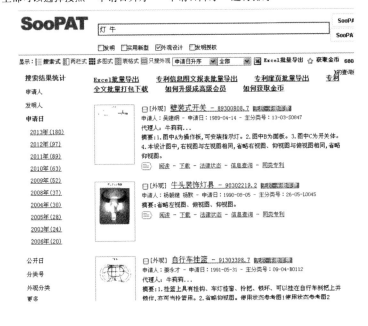

| 检索过程 | 本案申请日为 2011 – 12 – 31，可以选择 2011 年，之后形成如下界面 |

上面左侧截图的第一个检索结果很像本专利的俯视图，点击进入后可见，具体案件的视图如下

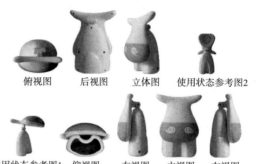

俯视图　　后视图　　立体图　　使用状态参考图2

使用状态参考图1　仰视图　　右视图　　主视图　　左视图

图片显示产品的形态已经相当接近本案，只是牛的身体部位比较薄，本申请的牛身比较厚。再尝试点击 2010 年，找到了更接近本专利的申请

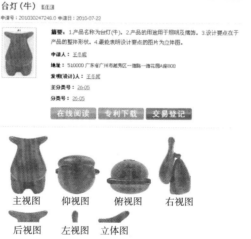

主视图　　仰视图　　俯视图　　右视图

后视图　　左视图　　立体图

仔细对比，虽然牛头、牛身和本专利基本相同，但是牛脚部位不同，作为对比文件并非最适合。至此，我们浏览过一些牛形灯具的专利后，可见现有设计中牛形灯具设计的主要区别点集中在牛身的薄厚以及牛脚部位

检索过程	（3）基于上一步在 Soopat 数据库中对现有设计的了解和分析，可以考虑选取最具代表牛身特征的左视图或右视图作为最佳的检索视图，即"关键图"。以左视图为例作为"关键图"，在 D 系统中进行图像检索。设定好分类号、申请日以及公开日，简要说明中可输入关键词"牛 灯"，检索结果如图所示 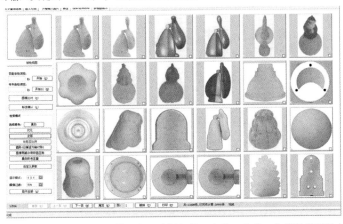 可见检索结果的第 1 页第 1 排第 3 个，除颜色外，牛头、牛身、牛脚的形状均与本案完全相同，查看对比设计详情后，其申请日在 2011 – 08 – 26，公告日在 2012 – 01 – 25，属于本专利的抵触申请。至此，我们综合利用 Soopat 和 D 系统的图像检索，准确、高效地检索到了最佳的对比文件 （4）也可以尝试使用检索出的相似对比文件（灰黑色无脚的牛形台灯）在 D 系统中进行图像检索，同样可以很快得到想要的对比文件，如图所示。这种检索方式适用于被检索案件的视图比较模糊或带有颜色干扰时使用 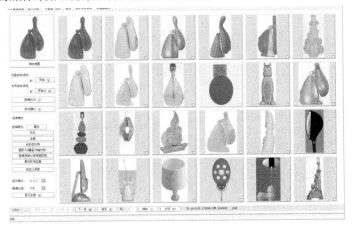

检索结果		对比文件	申请号：CN201130293157.5 主分类号：2605 产品名称：台灯（牛） 公告日：2012－01－25 申请日：2011－08－26 申请人：张少如
案例启示	当关键词比较模糊不具有代表性时，可以利用多个关键词在 Soopat 中综合查询，对本领域的申请状况进行观察，归纳出创新点集中在产品的哪些部位，从而选择最佳"关键图"，再进入 D 系统进行图像检索可提高检索效率。另外，在 D 系统中"图像检索"模式下被检视图不局限于原案视图，当原案视图模糊、带有过多颜色信息时，或者制图模式不同时（例如本案例中本专利视图是照片，而对比设计是渲染视图，除此以外还经常遇到绘制视图的对比设计），这些情况均可以选用近似案件的视图作为被检视图使用		

第三章　发明和实用新型专利检索中外观设计特征的检索

在《专利法》第二条的定义中可知，外观设计，是指对产品的形状、图案或者其结合以及色彩与形状、图案的结合所作出的富有美感并适于工业应用的新设计。发明，是指对产品、方法或者其改进所提出的新的技术方案。实用新型，是指对产品的形状、构造或者其结合所提出的适于实用的新的技术方案。从上述定义中，可见三种专利存在一定的交叉特征，也就是说外观专利所保护的产品外形中也包含发明、实用新型专利中的很多元素，尤其是在实用新型专利申请的附图中经常出现完整的产品绘制视图。在后续的侵权、无效判定中外观设计和发明、实用新型专利之间也是存在相互影响的。因此外观设计专利检索对于发明、实用新型专利的检索也是一个十分有益的补充。

一般发明和实用新型专利通过如下方式对外观设计特征进行检索。

一、通过著录项目检索

对于一件专利，申请人（尤其是公司、单位等集体作为申请人）很可能同时申请发明、实用新型和外观设计，因此可以首先考虑通过设计人、申请人、联系人等著录项目信息的关联性进行检索或者追踪。

二、通过申请文件检索

申请文件在实用新型和发明中主要包含发明名称、权利要求、说明书、摘要、摘要附图，发明和实用新型申请文件的文字内容比较丰富，往往蕴含被检索图片的关键词。选择恰当的文摘库或者全文库，输入被检索产品的名称、关键词等，可以在外观设计库中检索到与被检索专利申请中图形特征相近的专利申请。通过申请文件进行检索，应当尝试不同的关键词，这样检索就比较全面、充分。尤其对于硬件权利要求，发明和实用新型申请文件的附图可以参照外观设计视图的检索方式进行，并且检索到的对比文件也多为外观设计专利，在进行特征对比时比较清晰明了。例如，表 5 - 3 - 1 是从 D 系统中检索到对比文件，表 5 - 3 - 2 是在互联网综合搜索引擎 Google 中获得的对比文件。

表 5 - 3 - 1　实用新型检索中外观设计特征检索案例 1

实用新型权利要求	一种设置时钟的花瓶，包括花瓶的瓶体（1），瓶体（1）外面有图案层（3），其特征在于：所述花瓶在瓶体（1）外面的图案层（3）上设置有一个时钟（2）		
说明书附图		申请号	201320076796X
		发明名称	设置时钟的花瓶
		申请日	20130219
解决的技术问题	提供一种设置时钟的花瓶，具有时钟的作用		
技术特征	花瓶在瓶体外面的图案层上设置有一个时钟		
有益效果	通过这一种巧妙设置，可让摆放使用的花瓶，在使用上更具有实用价值，有利在美化环境的同时，能作为座钟使用		
检索要素	关键词：花瓶，时钟，图案层		
检索资源	D 系统		
检索结果		对比文件	申请号：CN01341030. X 主分类号：10 - 01 产品名称：钟（瓶形） 公告日：2002 - 05 - 01 公告号：CN3234475 申请日：2001 - 09 - 24 申请人：吴清瑶

表 5 - 3 - 2　实用新型检索中外观设计特征检索案例 2

实用新型权利要求	1. 一种轻量便捷的沙滩凳，主要用来在各种场合，外出旅行在海边玩，玩时间久了后想休息，但是找不到地方休息，本新型就能提供非常轻量方便携带的小凳子，还能重叠在一起 2. 根据权利要求 1 所述的沙滩椅，其特征是：它们就像图钉一样，有着尖尖的腿，只需将其按压进沙滩中即可固定，椅子侧面的手柄也能使用户不费吹飞之力将其拔出，重量轻，移动方便，中心的圆孔也方便将椅子堆叠在一起

续表

说明书附图		申请号	201220601657X
		发明名称	轻量便捷的沙滩凳
		申请日	2012 – 11 – 15

解决的技术问题	提供一种非常轻量方便携带的小凳子,还能重叠在一起
技术特征	尖腿(像图钉),将其按压进沙滩中即可固定,椅子侧面的手柄,中心的圆孔
有益效果	重量轻,移动方便,中心的圆孔也方便将椅子堆叠在一起
检索要素	关键词:沙滩凳、凳、尖腿、中心圆孔
检索资源	Google 图片
检索结果		对比文件	设计师 Monocomplex 是由四名韩国设计师组成的工作室。 工作室早在申请日之前就设计了这款沙滩凳,其灵感来源于大头针。 该网页公开时间为 2011 年 5 月 7 日

可见,发明和实用新型专利检索作为外观设计专利检索的一种补充手段,将扩大外观设计检索的范围,在一定程度上弥补了发明和实用新型专利检索中的漏洞。对三种专利进行检索,更加全面、系统,有效地避免三种专利跨种类重复授权的问题。

第六部分

检索实务分析

第一章 无效宣告请求和现有设计抗辩的检索

第一节 无效宣告请求和现有设计抗辩的概述

一、外观设计专利权的特点

《专利法》第四十条规定，实用新型和外观设计专利申请经初步审查没有发现驳回理由的，由国务院专利行政部门作出授予实用新型专利权或者外观设计专利权的决定，发给相应的专利证书，同时予以登记和公告。实用新型专利权和外观设计专利权自公告之日起生效。

《专利法实施细则》第四十四条规定，《专利法》第三十四条和第四十条所称初步审查，是指审查专利申请是否具备《专利法》第二十六条或者第二十七条规定的文件和其他必要的文件，这些文件是否符合规定的格式，并审查下列各项：

……（三）外观设计专利申请是否明显属于《专利法》第五条、第二十五条第一款第（六）项规定的情形，是否不符合《专利法》第十八条、第十九条第一款或者本细则第十六条、第二十七条、第二十八条的规定，是否明显不符合《专利法》第二条第四款、第二十三条第一款、第二十七条第二款、第三十一条第二款、第三十三条或者本细则第四十三条第一款的规定，是否依照《专利法》第九条规定不能取得专利权；

结合《专利法》第四十条和《专利法实施细则》第四十四条的规定，外观设计的初步审查中仅审查明显不符合《专利法》第二十三条第一款，以及依照《专利法》第九条规定明显属于重复授权的情形。在外观设计授予专利权的条件中，第二十三条的授权条件在初步审查中并未得到充分的审查。因此，经过初步审查的外观设计，不符合《专利法》授权相关规定的情况较多，授予的专利权具有相对较大的不稳定性。

二、现有设计的抗辩

《专利法》第六十二条中规定，在专利侵权纠纷中，被控侵权人有证据证明其实施的技术或设计属于现有技术或者现有设计的，不构成侵犯专利权。可见，在《专利法》层面，已经明确规定了被控侵权人可以通过证明其实施的设计属于现有设计来辩解其行为不够成侵权的情况。业内认为这种被控侵权人的主张即为现有设计的抗辩❶。在现有设计的抗辩中，需要被告提供现有设计的证据用来比对被控侵权产品是否属于现有设计的范畴。因此，被控侵权人应当对证据的检索和选用，做足够的证据检索工作。

三、无效宣告程序

（一）无效宣告程序在侵权诉讼中的作用❷

在专利侵权诉讼中往往伴随着专利权的无效宣告程序。为了协调好侵权诉讼与专利权无效宣告程序的关系，最高人民法院早在1985年《关于开展专利审判工作的几个问题的通知》就作出了规定，其中明确指出，人民法院在审理专利侵权诉讼中，遇有被告反诉专利权无效时，应当利用无效宣告程序办理。在此期间，受理侵权诉讼的人民法院可以根据《民事诉讼法》的规定中止诉讼，待专利有效或无效的问题解决后，再恢复专利侵权诉讼。据此，人民法院为避免判决与复审决定相左，维护法院判决的稳定性，一般都适用了中止审理程序。

（二）《专利法》相关规定

《专利法》第四十五条规定，自国务院专利行政部门公告授予专利权之日起，任何单位或者个人认为该专利权的授予不符合本法有关规定的，可以请求专利复审委员会宣告该专利权无效。

《专利法》第四十七规定，宣告无效的专利权视为自始即不存在。

宣告专利权无效的决定，对在宣告专利权无效前人民法院作出并已执行的专利侵权的判决、调解书，已经履行或者强制执行的专利侵权纠纷处理决

---

❶ 李勇. 专利侵权与诉讼［M］. 北京：知识产权出版社，2013：157.

❷ 专利权无效宣告的审查类型有哪些，对侵权诉讼有何影响［EB/OL］. 法邦网，www.fabao365. com.

定，以及已经履行的专利实施许可合同和专利权转让合同，不具有追溯力。但是因专利权人的恶意给他人造成的损失，应当给予赔偿。

依照前款规定不返还专利侵权赔偿金、专利使用费、专利权转让费，明显违反公平原则的，应当全部或者部分返还。

（三）无效宣告程序中涉及检索的法律条款和规定

根据《专利法实施细则》第六十五条的规定，无效宣告的理由实质被授予专利的发明创造不符合《专利法》第二条、第二十条第一款、第二十二条、第二十三条、第二十六条第三款、第四款、第二十七条第二款、第三十三条或者本细则第二十条第二款、第四十三条第一款的规定，或者属于《专利法》第五条、第二十五条的规定，或者依照《专利法》第九条规定不能取得专利权。

其中涉及外观设计的无效理由如表6-1-1所示。表中需要通过检索获得证据，才能作为无效理由提请的条款为第九条和第二十三条，其中通过《专利法》第二十三条第一款和第二款宣告权利无效的情况，占有很大的比重。

表6-1-1　涉及外观设计无效理由的法律条款

《专利法》条款	内　　容
第二条第四款	外观设计，是指对产品的形状、图案或者其结合以及色彩与形状、图案的结合所作出的富有美感并适于工业应用的新设计
第五条	对违反法律、社会公德或者妨害公共利益的发明创造，不授予专利权
第九条	同样的发明创造只能授予一项专利权。两个以上的申请人分别就同样的发明创造申请专利的，专利权授予最先申请的人
第二十三条	授予专利权的外观设计，应当不属于现有设计；也没有任何单位或者个人就同样的外观设计在申请日以前向国务院专利行政部门提出过申请，并记载在申请日以后公告的专利文件中。 授予专利权的外观设计与现有设计或者现有设计特征的组合相比，应当具有明显区别。 授予专利权的外观设计不得与他人在申请日以前已经取得的合法权利相冲突。 本法所称现有设计，是指申请日以前在国内外为公众所知的设计
第二十五条 第一款第（六）项	对下列各项，不授予专利权：（六）对平面印刷品的图案、色彩或者二者的结合作出的主要起标识作用的设计

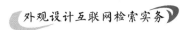

专利法条款	内　容
第二十七条第二款	申请人提交的有关图片或者照片应当清楚地显示要求专利保护的产品的外观设计
第四十三条第一款	依照本细则第四十二条规定提出的分案申请，可以保留原申请日，享有优先权的，可以保留优先权日，但是不得超出原申请记载的范围

四、无效宣告请求和现有设计抗辩的检索

综上所述，外观设计专利侵权诉讼阶段，现有设计抗辩和无效宣告请求是两种经常出现的制度模式，因此，无论是现有设计抗辩的被诉侵权方，还是无效宣告请求的请求人，都需要主动检索外观设计是否属于现有设计的有效证据。换句话说，外观设计专利检索是该制度模式能够更好发挥作用，保护真正权利人利益的有力途径。基于现有设计抗辩和无效宣告请求的特点，这两种制度模式下外观设计的检索主要强调检索的准确性及证据的可靠性。

第二节　涉及不同类型的
外观设计专利文献检索案例分析

外观设计申请或者专利涉及的产品种类纷繁复杂，视图表现形式多样，如照片视图、绘制视图、计算机渲染视图等，在实际检索中需要结合不同的视图表现形式和特点有的放矢，才能具备火眼金睛，提高获取证据的价值。本节结合不同的案例，分析不同类型的外观设计专利文献检索的过程、方法，以及检索结果的检索特点和要点等，供读者参考使用。

案例一：涉及套件产品的检索

（一）案情简介

涉案专利中包含餐桌和凳子，属于套件产品。被告在产的餐桌和餐椅均被专利权人控诉侵权。被告针对该控诉，可以通过分析该专利权的稳定性，即对原告的专利权进行检索分析予以化解。如果检到可利用的证据，可针对该专利权提起无效请求（如表 6 - 1 - 2 所示）。

表 6 - 1 - 2　套件产品的检索信息

发明创造名称	餐桌组合（YT - 1688）	分类号	0601；0603
外观设计 图片或照片	套件1立体图　　　套件2立体图　　　使用状态参考图		
简要说明	1. 本外观设计产品的名称：餐桌组合（YT - 1688）； 2. 本外观设计产品的用途：本外观设计产品用于就餐的家具； 3. 本外观设计产品的设计要点：产品的形状； 4. 最能表明本外观设计设计要点的图片或照片：使用状态参考图； 5. 省略视图：其他视图无设计要点，省略其他视图		
申请日	2015 年 9 月 28 日		

（二）检索要点

对于成套产品，各套件则应当分别予以保护，意即被控侵权产品各套件中只要有一套件与授权外观设计中的对应套件构成相同或相近似的，即落入了该专利权的保护范围。

（三）检索分析

（1）检索领域的确定。由于涉案专利包含有餐桌和凳子，因此餐桌的分类号 0603、凳子的分类号 0601，均需要列为检索范围，此外，0605 涉及的是组合家具，0606 涉及的是其他家具和家具部件，这两个分类号的文献视图中不能排除出现涉案专利产品的可能。因此，最终确定检索的领域为0601、0603、0605、0606。

（2）检索关键词的确定。由于本外观设计专利是餐桌和餐椅的套件产品，因此，关键词应当涉及餐桌、餐凳，从中提取"桌""凳"两个单字关键词，结合分类号进行检索。

（3）数据库选择。基于我国家具产业的发展情况，以及偏向中式的简洁设计风格，优先选择中国专利数据库进行检索。如果检索结果不理想，可再扩大数据库的范围，选择互联网以及其他国家的数据库继续检索。

（四）检索过程及结果（如表6-1-3所示）

表6-1-3　套件产品的检索结果

检索数据库		中国专利公告检索系统
检索式	餐桌	公开（公告）日<2015-09-28　AND 发明名称=（桌）AND IPC分类号=（0603 0605 0606）
	凳	公开（公告）日<2015-09-28　AND 发明名称=（凳）AND IPC分类号=（0601 0605 0606）
检索筛选		检索结果筛选时，需要对申请日以前该领域该类型产品的设计空间进行充分了解和认识。主要过程在检索的过程中完成，设计空间的确定是选择筛选可用检索结果的基本条件 餐桌：这类具有交叉连接桌腿的餐桌，从现有设计可见（参见下图），其桌面的形状可以为方形，桌腿可以为T形交叉连接，桌腿可以是曲线形的外立面等，上述现有设计的特征说明，桌子在形状方面具有较大的设计空间，并且桌面的花纹图案设计也具有很大的设计空间  餐凳：这类三角形可拼合呈圆形的凳子，从现有设计可见（参见下图），其凳面可以是全部软包，凳面形状可以是直角三角形，凳子下方可以有柱状支腿，凳面可以有很大的厚度等，从这些角度分析，凳子在形状方面具有较大的设计空间，并且凳子表面的花纹图案设计也具有很大的设计空间
检索结果		　　　　 对比设计1：　　　　　　　　　　　　　　　对比设计2： 　　套件1　套件2　组合状态图

结果分析	（1）涉案专利套件1的分析。涉案专利的套件1和对比设计1的套件1相比，区别点主要在于桌腿的竖杆、横杆的截面形状稍有不同、桌腿末端是否设有防滑支撑帽稍不相同。涉案专利的套件1和对比设计2相比，区别点与对比设计1套件1比较的相同以外，木纹纹理和桌腿的角度不相同。因此，上述两两相比的整体形状、各部位的具体形状、尺寸比例均极为相近，相比较该领域较大的设计空间，上述区别点仅属于局部细微的变化 （2）涉案专利套件2的分析。涉案专利的套件2和对比设计1的套件2相比，区别点主要在于表面垫子涉案专利为平板，对比设计1为软垫；底板的形状本专利弧形板，对比设计1为弧形边框。因此，上述两两相比的整体形状、各部位的具体形状、尺寸比例均极为相近，相比较该领域较大的设计空间，上述区别点仅属于局部细微的变化 综上所述，涉案专利套件1、套件2与现有设计相比不具有明显区别，对比设计1和对比设计2可以作为评价涉案专利不符合《专利法》第二十三条第二款规定的证据

案例二：涉及相似设计产品的检索

（一）案情简介

涉案专利中包含两项相似设计，为弯头管件类产品。被告在售的两项产品均被专利权人控诉侵权。被告针对该控诉，可以通过分析该专利权的稳定性，即对原告的专利权进行检索分析予以化解。如果检到可利用的证据，可针对该专利权提起无效请求（如表6-1-4所示）。

表6-1-4 相似设计产品的检索信息

发明创造名称	弯头管件（U形）	分类号	2301
外观设计图片或照片	设计1立体图　设计1右视图　设计2立体图　设计2右视图		

续表

简要说明	1. 本外观设计产品的名称：弯头管件（U形）； 2. 本外观设计产品的用途：本外观设计产品用于管件之间的连接； 3. 本外观设计产品的设计要点：在于产品的形状、图案以及结合； 4. 最能表明本外观设计设计要点的图片或照片：设计1立体图； 5. 指定基本设计：设计1
申请日	2015年3月20日

（二）检索要点

相似设计产品的特点及保护范围。对于相似设计，各相似设计应当分别予以保护，意即被控侵权产品各相似设计中只要有一项与授权外观设计中的对应相似设计构成相同或实质相同的，即落入了该专利权的保护范围。

（三）检索分析

（1）检索领域的确定。由于涉案专利为弯头管件类产品，因此分类号为2301，由于该类产品的集中性和特殊性，其他分类号均不涉及，所以可最终确定检索的领域为：2301。

（2）检索关键词的确定。由于本外观设计专利是弯头弯管类产品，因此，关键词应当涉及弯管、阀套、弯头，从中提取"管""弯头"两个关键词，结合分类号进行检索。

（3）数据库选择。基于我国流体分配设备领域的发展情况，优先选择中国专利数据库进行检索。如果检索结果不理想，可再扩大数据库的范围，选择互联网以及其他国家的数据库继续检索。

（四）检索过程及结果（如表6－1－5所示）

表6－1－5 相似设计产品的检索结果

检索数据库	中国专利公布和公告查询系统、中国专利检索和分析系统
检索式	公开（公告）日 < 2015－03－20　AND 发明名称 =（管 弯头）AND IPC 分类号 =（2301）
检索筛选	检索结果筛选时，需要对申请日以前该领域该类型产品的设计空间进行充分了解和认识。主要过程在检索的过程中完成，设计空间的确定是选择筛选可用检索结果的基本条件

续表

检索筛选	从检索到的现有设计状况来看，弯管类产品，根据连接管件数量不同可分为U形、三通或十字等多种类型，中心弯转角度也不尽相同，与其他管件连接方式也存在套管、螺口、锚固等多种方式。一般消费者对弯头管件的连通数量设计、连接方式及管件截面设计不同更为关注 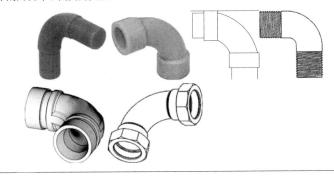
检索结果	对比设计1： 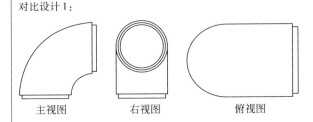 　主视图　　　　　　右视图　　　　　　　俯视图
结果分析	涉案专利设计1与对比设计1，两者的相同点在于：①两者的结构相同，均为U形弯头管件。②管件截面均为圆形。③管件两端均有截面直径略小于管件直径的凸出套管 涉案专利设计1与对比设计1，两者的主要不同点在于：① 中心弯转角度略有不同。涉案专利设计1中心弯转角度接近90°；对比设计1中心弯转角度为90°。② 截面直径与弯管中心线长度比例不同。涉案专利设计1截面直径长度约为弯管中心线长度1/4；对比设计1截面直径长度约为弯管中心线长度1/2。③ 两端凸出套管长度不同。涉案专利设计1凸出套管长度短于对比设计1凸出套管长度 就现有弯头管件类产品结构有相对较大的设计空间的设计现状而言，涉案专利设计1与对比设计1的整体结构、连通数量、套管连接方式设计均相同，而涉案专利设计1与对比设计1两者的区别点①属于局部细微变化，区别点②③反映出的弯管截面直径与弯管中心线长度的比例变化、弯管两端凸出的套管长度变化均属于是该类产品的惯常设计变化，上述区别点对两者外观设计的整体视觉效果不足以产生显著影响。因此，涉案专利设计1与对比设计1相比不具有明显区别 综上所述，涉案专利设计1与对比设计1相比不具有明显区别，涉案专利设计1不符合《专利法》第二十三条第二款的规定

结果分析	涉案专利设计2与对比设计1,两者的相同点在于:①两者的结构相同,均为U形弯头管件。②管件两端均有截面直径略小于管件直径的凸出套管 涉案专利设计2与对比设计1,两者的不同点在于:①中心弯转角度略有不同。涉案专利设计2中心弯转角度接近90°;对比设计1中心弯转角度为90°。②管件截面形状不同。涉案专利设计2管件截面为椭圆形,纵向直径约为横向直径的2倍;对比设计1管件截面为圆形。③截面直径与弯管中心线长度比例不同。涉案专利设计2截面横向直径长度约为弯管中心线长度1/4;对比设计1截面直径长度约为弯管中心线长度1/2。④两端凸出套管长度不同。涉案专利设计2凸出套管长度明显短于对比设计1凸出套管长度 涉案专利设计2与对比设计1虽然整体结构、连通数量、套管连接方式设计均相同,但在管件截面形状的设计上有显著的差异,涉案专利采用的椭圆形截面设计在现有设计中也很难见,因此这一设计特征使产品整体呈现出不同的视觉效果,结合涉案专利设计2与对比设计1的其他不同点来看,不同点①~④足以对外观设计的整体视觉效果产生显著影响,因此,涉案专利设计2与对比设计1相比具有显著差异 综上所述,涉案专利设计2与对比设计1具有显著差异,其他对比设计与涉案专利设计2的差异更显著,即表明未发现与涉案专利设计2相同或实质相同的对比设计,因此未发现涉案专利设计2存在不符合《专利法》第二十三条第一款规定的缺陷

案例三:涉及组件产品的检索

(一) 案情简介

涉案专利中包含有沥水碗架的框、盘以及杯,属于组件产品。被告在产的沥水碗架被专利权人控诉侵权。被告针对该控诉,可以通过分析该专利权的稳定性,即对原告的专利权进行检索分析予以化解。如果检索到可利用的证据,可针对该专利权提起无效请求(如表6-1-6所示)。

表6-1-6 组件产品的检索信息

发明创造名称	沥水碗架	分类号	0705
外观设计 图片或照片	主视图		立视图

续表

外观设计 图片或照片	 组件1立体图　　　　组件2立体图　　　　组件3立体图
简要说明	1. 本外观设计产品的名称：沥水碗架； 2. 本外观设计产品的用途：本外观设计产品用于厨房用具； 3. 本外观设计产品的设计要点：产品的整体外观形状； 4. 最能表明本外观设计设计要点的图片或照片：立体图； 5. 省略视图：其他视图无设计要点，故省略
申请日	2015 年 1 月 7 日

（二）检索要点

组件产品特点及保护范围。对于组件产品，单独的组件不予保护，整体给予保护，意即被控侵权产品只有组合之后的整体产品与授权外观设计中的组合之后的整体产品构成相同或实质相同的，即落入了该专利权的保护范围。

（三）检索分析

（1）检索领域的确定。由于涉案专利属于架子系列，因此，将"存放物品用家具"的 0604、"熨烫用具、洗涤用具、清洁用具和干燥用具"的 0705 以及"其他桌上用品"的 0706 列为检索范围。此外，"其他杂项"的 0799 也可能涉及，故不排除出现此类产品的可能性。因此，最终确定的检索领域为 0604、0705、0706、0799。

（2）检索关键词的确定。由于本外观设计专利是沥水碗架的组件产品，因此，关键词应当涉及碗架、餐具架、沥水架、沥水器，从中提取"架""沥"两个单字关键词，结合分类号进行检索。

（3）数据库选择。基于我国厨房沥水产品产业的发展情况，以及简约的设计风格，优先选择中国专利数据库、韩国专利数据库以及日本专利数据库进行检索。如果检索结果不理想，可再扩大数据库的范围，选择互联网以及其他国家和地区的数据库继续检索。

（四）检索过程及结果（如表 6 – 1 – 7 所示）

表 6 – 1 – 7　组件产品的检索结果

检索数据库	中国专利公布和公告查询系统、中国专利检索和分析系统	
检索式	架	公开（公告）日 < 2015 – 01 – 07　AND 发明名称 =（架）AND IPC 分类号 =（0604　0705　0706　0799）
	沥	公开（公告）日 < 2015 – 01 – 07 AND 发明名称 =（沥）AND IPC 分类号 =（0604　0705　0706　0799）
检索筛选	检索结果筛选时，需要对申请日以前该领域该类型产品的设计空间进行充分了解和认识。主要过程在检索的过程中完成，设计空间的确定是选择筛选可用检索结果的基本条件   对于沥水碗架及其相近种类产品的现有设计（参见上图）而言，由篮筐、托盘和挂杯组成的设计较为常见，但是产品的形状、结构多种多样，例如，篮筐的形状和格栅可以有不同变化、托盘和挂杯的结构可以有较大改变，所以产品的形状、结构有较大的设计空间	
检索结果	对比设计 1：   	
结果分析	涉案专利与对比设计 1 的相同点在于产品均由篮筐、托盘和挂杯组成。篮筐上大下小，挂杯对面的篮筐面倾斜角度最大，篮筐上边缘处有一圈外翻的筐沿，各个面均有若干长条状格栅，底部还有若干凸起结构。托盘截面为四个角均为圆倒角的矩形，上部有一圈外翻的盘沿，前部中间有一个倒梯形凹槽，底部有四个柱形支脚。挂杯挂在篮筐一侧短边的内沿上，上粗下细，截面为近似跑道形，内部被分为两格，底部为网眼形孔状，长边外侧面中下部各有一条凹槽	

结果分析	涉案专利与对比设计1的主要区别在于：① 涉案专利托盘底部的结构与对比设计1的不同。涉案专利支脚上粗下细，对比设计1的支脚粗细均匀。涉案专利支脚比对比设计1的长。② 涉案专利挂杯在篮筐外侧，对比设计1的挂杯在篮筐外侧。涉案专利挂杯比对比设计1的更加细长。 涉案专利与对比设计1产品各部分的结构几乎完全相同，整体形状也极为相似。上述区别点产品托盘底部结构和支脚的差别、挂杯尺寸的差异相对于整体形状特征仅属于局部细微差异，并且挂杯属于可移动的部件，其位置在筐里或筐外在本领域内均属于常见的设计。根据整体观察、综合判断的原则，对于一般消费者而言，涉案专利与对比设计1之间的上述区别点对于沥水碗架的一般消费者而言，均属于局部细微变化，对整体视觉效果不足以产生显著影响。因此，涉案专利与对比设计1相比不具有明显区别。 综上，经整体观察、综合判断，涉案专利与对比设计1相比不具有明显区别。因此涉案专利不符合《专利法》第二十三条第二款的规定

案例四：照片视图的检索

（一）案情简介

涉案专利为手机运动臂带，制图方式为产品实物拍摄的照片。被告天猫在售的手机运动臂带被专利权人控诉侵权，要求下架。被告针对该控诉，可以通过分析该专利权的稳定性，即对原告的专利权进行检索分析予以化解。如果检到可利用的证据，可针对该专利权提起无效请求（如表6-1-8所示）。

表6-1-8　照片拍摄视图产品的检索信息

发明创造名称	手机运动臂带	分类号	0301
外观设计图片或照片			

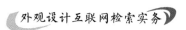

续表

简要说明	1. 本外观设计产品的名称：手机运动臂带； 2. 本外观设计产品的用途：用于运动时可方便放置手机的臂带； 3. 本外观设计产品的设计要点：主视图； 4. 最能表明本外观设计设计要点的图片或照片：立体图； 5. 俯视图无设计要点：省略俯视图
申请日	2015 年 9 月 11 日

（二）检索要点

照片视图特点及保护范围。照片视图是按照正投影规则对产品实物或样品拍摄而得的视图，包括进行计算机后期处理过的图片。照片可以表达产品的色彩，但是有的时候由于洗相、后期处理等综合因素，照片中显示的产品颜色与实际产品的颜色不一致，这对于请求保护的外观设计包含色彩的产品是很不利的。而且一些产品的色彩与背景色彩明度差异不大的视图，虽然在彩色照片上产品有明确的外轮廓线，但由于公报出版的需求转成黑白视图后，图形与背景色彩差异不大导致外轮廓线变得模糊。有时由于拍摄距离的误差，还会造成各视图比例的不一致。但是这种视图比线条视图更加形象、直观。对于非专业技术人员，线条视图比较难以建立一个立体印象，而照片视图却是一目了然❶。

对于照片视图，各视图展示的内容均给予保护（参考图以及内装衬托物除外），意即被控侵权产品若与授权外观设计中的产品构成相同或实质相同的，即落入了该专利权的保护范围。

（三）检索分析

（1）检索领域的确定。由于涉案专利为手机运动臂带，分类号为 0301，而应用于手机放置的产品，也涉及手机所在的领域 1403，以及其他杂项类 1499。因此，最终确定检索的领域为 0301，1403，1499。

（2）检索关键词的确定。由于本外观设计专利是运动时放置手机的臂带，因此，关键词应当涉及手机、运动、臂、带，从中提取"带""臂"两个单

---

❶ 国家知识产权局专利局外观设计审查部. 外观设计专利申请视图提交规范［M］. 北京：知识产权出版社，2008：13.

字关键词，结合分类号进行检索。

（3）数据库选择。基于我国运动器材以及通信领域的发展情况，以及其设计风格，优先选择专利数据库进行检索，专利数据库可优先选择在中国、韩国、日本、美国的专利数据中寻找，因为对于通信和运动领域来说，这些国家发展比较快速，发展也比较早。如果检索结果不理想，可再扩大数据库的范围，考虑到我国互联网技术的发展，也可选择互联网检索，最后考虑其他国家或地区的数据库继续检索。

（四）检索过程及结果（如表6-1-9所示）

表6-1-9　照片拍摄视图产品的检索结果

检索数据库	中国专利公布和公告查询系统、中国专利检索和分析系统、互联网	
检索式	带、臂	公开（公告）日＜2015-09-11　AND 发明名称＝（带、臂）AND IPC 分类号＝（0301　1403　1499）
	手机运动臂带	互联网
检索筛选	检索结果筛选时，需要对申请日以前该领域该类型产品的设计空间进行充分了解和认识。主要过程在检索的过程中完成，设计空间的确定是选择筛选可用检索结果的基本条件 从检索到的现有设计状况可以发现，手机运动臂带类产品的外观造型多种多样，整体外形、各面具体形状和表面设计均存在较大变化，属于一般消费者关注的焦点。根据整体观察、综合判断的原则，对于此类产品的一般消费者而言，产品的整体形状以及局部造型和表面图案都会对产品的整体视觉效果产生显著影响	
检索结果	对比设计1： https：//detail. tmall. com/item. htm？id＝520378373043&ali_refid \  对比设计2： http：//platinum. shikee. com/469572. html 	

结果分析	对比设计 1 为互联网公开的外观设计，公开网站为淘宝网，该网站为知名购物网站，可以认定公开信息的真实性。在其商品评价中有用户上传的带有产品照片的产品评价，该照片显示的产品与出售信息页所示产品一致，网页显示照片上传的时间为 2015 年 8 月 29 日，可以认定为公众可以浏览互联网信息的最早时间，即该互联网信息的公开时间。 涉案专利与对比设计 1，两者的相同点主要在于：① 产品整体形状相同：均由手机袋、臂带和卡扣组成，中间的手机袋均近似为圆角长方形，两侧与手机袋的连接部位均由两端向中部较逐渐收窄，且左侧臂带收窄部位的坡度比右侧卡扣收窄部位的坡度平缓；② 手机袋设计相同：正面均为靠近上下边缘处分别有两个水平方向并列的圆角长方形部位，且其内部是稍小的圆角长方形孔，上部两个圆角长方形下方有一个细长条形开口部位，正面中部有一行字母，且其下方还有一行较小的字母，背面中部均是一个圆角长方形透明区域，其外围有一圈较窄的装饰条；③ 卡扣设计基本相同：中部均为较短的圆角长方形，宽度约为手机袋宽度的 1/2，且其中间有两个较细长的圆角长方形卡口；④ 臂带设计基本相同：均在其收窄部位处上下两边对称分布的两个近似三角形区域内密布小圆孔，其中部均为细长条带，宽度约为手机袋宽度的 1/3，臂带的背面均有若干字母。 涉案专利与对比设计 1 的区别点主要在于：① 臂带状态略有不同：涉案专利臂带插入卡扣部位的卡孔内，弯折后粘贴于臂带内侧，而对比设计 1 臂带为平铺状态；② 背面设计略有不同：涉案专利没有完整显示产品背面具体设计，而对比设计 1 显示出了卡扣背面的钥匙插口、臂带背面的多行文字及图案等具体设计。 对该领域产品的一般消费者而言，涉案专利与对比设计 1 在整体形状、各部位具体形状以及表面图案设计上均基本相同，区别点①～②均属于局部细微变化，故对整体视觉效果通常不具有显著影响。对于该类产品的一般消费者来说，上述区别点不足以对外观设计的整体视觉效果产生显著影响，因此，根据"整体观察、综合判断"的原则，涉案专利与对比设计 1 相比不具有明显区别。 综上所述，涉案专利与对比设计 1 不具有明显区别，涉案专利不符合《专利法》第二十三条第二款的规定。 对比设计 2 为互联网公开的外观设计，公开网站为试客联盟，该网站为知名试用营销网站，可以认定公开信息的真实性。在其试用报告中有用户上传的产品照片，网页显示照片上传的时间为 2015 年 7 月 18 日，可以认定为公众可以浏览互联网信息的最早时间，即该互联网信息的公开时间。 同样，将涉案专利与对比设计 2 进行比较，两者也存在上述区别点，但这些区别点均属于局部细微变化，不足以对外观设计的整体视觉效果产生显著影响，涉案专利与对比设计 2 相比也不具有明显区别，涉案专利不符合《专利法》第二十三条第二款的规定

案例五：绘制视图的检索

（一）案情简介

涉案专利为儿童床。被告在产的儿童床被专利权人控诉侵权。被告针对该控诉，可以通过分析该专利权的稳定性，即对原告的专利权进行检索分析予以化解。如果检索到可利用的证据，可针对该专利权提起无效请求（如表 6 – 1 – 10 所示）。

表 6 – 1 – 10　线条绘制视图产品的检索信息

发明创造名称	儿童床	分类号	0602
外观设计 图片或照片	 主视图　　　　　左视图　　　　　立体图		
简要说明	1. 本外观设计产品的名称：儿童床； 2. 本外观设计产品的用途：本外观设计产品用于儿童就寝设备； 3. 本外观设计产品的设计要点：产品的整体外观设计； 4. 最能表明本外观设计设计要点的图片或照片：主视图		
申请日	2015 年 10 月 16 日		

（二）检索要点

绘制视图特点及保护范围。绘制视图即为线条视图，是对完全用线条来表达产品的一类视图的统称，主要指用正投影方法按照技术规定将产品的形状表达在图纸上，它是由直线、圆弧和其他一些曲线组成的几何图形，比较适宜用来表达以形状作为主要设计要素的设计❶。

对于绘制视图，视图中显示的内容均应当予以保护（参考图除外），意即被控侵权产品与授权外观设计中的产品构成相同或相近似的，即落入了该专

---

❶　国家知识产权局专利局外观设计审查部. 外观设计专利申请视图提交规范［M］. 北京：知识产权出版社，2008：10.

利权的保护范围。

（三）检索分析

（1）检索领域的确定. 由于该产品为儿童床，现分类号为0602，但考虑到，我国第七版洛迦诺分类表，床的分类号为0601，所以还需检索0601，此外，0605涉及的是组合家具，0606涉及的是其他家具和家具部件，这两个分类号的文献视图中不能排除出现涉案专利产品的可能。因此，最终确定检索的领域为：0601、0602、0605、0606。

（2）检索关键词的确定。由于本外观设计专利是儿童床，因此，关键词应当涉及儿童床、床、双层，从中提取"儿童""床"两个关键词，结合分类号进行检索。

（3）数据库选择。基于我国的人口众多的国情，双人儿童床的消费较多，所以优先选择中国专利数据库进行检索，如果检索结果不理想，可再扩大数据库的范围，选择互联网以及其他国家的数据库继续检索。

（四）检索过程及结果（如表6-1-11所示）

表6-1-11 绘制视图产品的检索结果

检索数据库	中国专利公告检索系统、中国专利检索和分析系统、互联网	
检索式	儿童	公开（公告）日＜2015-10-16 AND 发明名称＝（儿童）AND IPC分类号＝（0601 0602 0605 0606）
	床	公开（公告）日＜2015-10-16 AND 发明名称＝（床）AND IPC分类号＝（0601 0602 0605 0606）
检索筛选	检索结果筛选时，需要对申请日以前该领域该类型产品的设计空间进行充分了解和认识。主要过程在检索的过程中完成，设计空间的确定是选择筛选可用检索结果的基本条件  从该类产品的现有设计状况看，双层床的样式多样，两层床铺的相对位置，立板或立柱的形状及其上的装饰，梯子的形式以及围栏的形状均有较大的设计空间。产品的整体形状、部件形状以及装饰性设计会成为一般消费者关注的设计内容，其设计差异会产生较为显著的整体视觉效果	

检索结果	
	 对比设计1 　　　　　　　　对比设计2
结果分析	涉案专利与对比设计1相比，两者的相同点在于：整体造型完全相同，下宽上窄的双层设计，靴形立板及舵形装饰，立板下方的支脚，上下层床的立柱形状及上层床的围栏形状，梯子形状等设计均相同。两者的主要区别点在于：① 涉案专利立板上舵形装饰一侧为镂空窗口，一侧未显示镂空，而对比设计1两侧均为镂空窗口；② 涉案专利立板无纹理，对比设计1立板布满横条纹；③ 涉案专利围栏内部栏杆为漏斗形，对比设计1为"8"字形。 涉案专利与对比设计1上述部分的设计均相同，其区别点①～③属于局部细微差异。经整体观察、综合判断，上述区别点对于产品外观设计的整体视觉效果不足以产生显著影响，即涉案专利与对比设计1不具有明显区别。 对比设计2同样为双层床，其形状与对比设计1相同，因此，涉案专利与对比设计2的主要区别也仅在于立板有无纹理、一侧舵形内部是否镂空以及栏杆的形状的不同，所述的区别仍都属于局部细微差异，对整体视觉效果不具有显著影响。具体理由参见涉案专利与对比设计1的评述，在此不做赘述

第三节　涉及不同属性的外观设计专利文献检索案例分析

　　上节剖析了不同申请类型的案件，本节从产品的属性出发，举例剖析不同属性产品外观设计检索的特点和注意事项。例如，对于占据整体产品较小比例的零部件，该类型产品的文献的创造成果主要集中在形状方面，并且该类型产品的检索方向不同于整体产品，有权利人需求保护未考虑到零部件以及整体的相关视图中不能清楚显示部分零部件的常见现象等。另外，单纯对图案作出创新的专利文献，与创新点在形状、图案和色彩三个要素均衡的专利文献相比较，检索的方向和要点均有明显区别。下面选取两个案例进行示例说明和剖析。

案例一：涉及产品结构性形状创新产品的检索（如产品零部件）

（一）案情简介

涉案专利为婴儿车产品座板底部的零部件。被告在售的婴儿车配有该零部件产品，专利权人诉其侵权。被告针对该控诉，可以通过分析该专利权的稳定性，即对原告的专利权进行检索分析予以化解。如果检到可利用的证据，可针对该专利权提起无效请求（如表6－1－12所示）。

表6－1－12　产品结构性形状创新产品的检索信息

发明创造名称	童车配件（座板底座）	分类号	1212
外观设计图片或照片	主视图　　　　后视图　　　　立体图1 立体图2　　　使用状态参考图1　　　使用状态参考图2		
简要说明	1. 本外观设计产品的名称：童车配件（座板底座）； 2. 本外观设计产品的用途：本外观设计产品用于童车配件； 3. 本外观设计产品的设计要点：产品的形状； 4. 最能表明本外观设计设计要点的图片或照片：立体图1		
申请日	2015年10月10日		

（二）检索要点

零部件产品的检索要点。对于零部件产品，专利权人有可能以整体产品来寻求专利保护，也有可能以产品创新部位的零部件寻求保护，或者整体和局部部件组合寻求全方位的专利保护。因此，在检索零部件产品时，除了考虑同类型产品的检索领域以外，还应当考虑其上位产品的检索领域。

（三）检索分析

（1）检索领域的确定。本外观设计为婴儿车的配件，由于洛迦诺分类表中并没有对应该类别的小类，所以该婴儿车配件随婴儿车上位分到1212类别（婴儿车、病人用轮椅、担架）。1216类别（其他大类或小类中未包括的交通工具零件、装置和附件）主要囊括交通工具里面的各式零部件，也符合本外观设计配件的属性。另外1299类为12大类产品的杂项分类，因此，为了全面检索，也应当列入检索领域。此外，婴儿车/童车与婴幼儿用的玩具车等其他产品都兼具有玩具的属性，本外观设计的配件也有可能应用在其他玩具车领域，因此，2101类也应作为检索的领域。

（2）检索关键词的确定。从检索整体产品的角度考虑，婴儿车也叫童车、宝宝推车、手推车、手推伞车等，如果仅关键词检索，可用关键词包括婴儿车、童车、推车、伞车。如果是结合分类号进行的专利文件检索，结合上述分类号检索的关键词可以为婴、童、推、伞。从检索零部件的角度考虑，上述关键词可借鉴的同时，还应当增加零件、部件、配件等的关键词加以补充（具体关键词的类型与上述整体检索时的原理相同）。在专利数据库检索时，该类别外观设计专利数量较多的，也可以采取排除法来检索。例如，用非的运算符在分类号限定的前提下，排除掉完全不可能涉及本外观设计产品的文献，如"NOT（餐盘 轮椅 脚踏板 学步车 担架 代步车 康复椅 车轮 轮子 轮毂）"。

（3）数据库选择。本外观设计为婴儿车产品的零部件，创新点在于产品的形状，该类型的外观设计，除了兼顾产品的美观和实用以外，通常会结合产品的实际结构进行功能性的、能够解决实际问题的形状改进。因此，该类产品也是实用新型的保护客体，除了在外观设计专利数据库和互联网检索以外，可以考虑在实用新型专利文献数据库中进行检索。

（四）检索过程及结果（如表6-1-13所示）

表6-1-13　产品结构性形状创新产品的检索结果

检索数据库		中国专利公告检索系统
检索式举例（不同的数据库检索式的表达方式会略有不同）	外观设计专利文献	公开（公告）日≤2015-10-10 AND 产品名称=（婴、童推伞零部配件）分类号=（1212；1216；1299；2101）
	实用新型专利文献	公开（公告）日≤2015-10-10　AND 发明名称=（婴儿车 童车）

检索筛选	检索结果筛选时，需要对申请日以前该领域该类型产品的设计空间进行充分了解和认识。主要过程在检索的过程中完成，设计空间的确定是选择筛选可用检索结果的基本条件。 从婴儿车整体的角度：从现有设计可见，婴儿车类产品底座的结构设计空间较大，从分体组装到一体成型均有，并且分体组装式的结构在现有设计中也有很大差异，如下方现有设计中方形镂空板、弧形板的设计等。 从婴儿车配件的角度：从配件的现有设计情况可见，配件涉及支撑件、避震板、收车装置配件等多种类型。主要原因在于婴儿车整车的形状设计差异较大，因此，婴儿车配件的种类繁多，配件的类型不集中，配件形状的设计空间大，如下述配件产品近似屋檐形、近似梯形等设计
检索结果	本外观设计在通过关键词在实用新型专利文献中检索到了如下三个对比文件 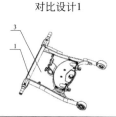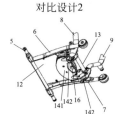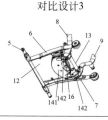 对比设计1　　　　　　对比设计2　　　　　　对比设计3
结果分析	本外观设计和对比设计1的相比较的区别主要在于：对比文件1中该配件未清楚表达的部位。例如：正面通孔外圈对比设计1仅显示环形设计，并未表达清楚是否为通孔，另外对比设计1背面由于安装了拉板，未表达"U"形安装槽的形状。对比设计1未清楚表达的通孔相对于特征显著的整体形状、通孔及安装槽的形状及位置等仅属于局部细微差别，对比设计1未表达的安装槽的形状，支撑板安装于童车之后，该部位属于使用时不容易看到的部位，一般消费者在使用时容易看到的支撑板正面的具体形状对产品的整体视觉效果更具有显著影响。对于本专利产品的一般消费者而言，两者不具有明显区别。 本外观设计和对比设计2的相比较的区别主要在于：对比文件2未表达该部位"U"形开口的顶部形状。在支撑板安装于童车之后，该部位属于使用时不容易看到的部位，一般消费者在使用时容易看到的支撑板正面、底部的具体形状对产品的整体视觉效果更具有显著影响。 对比设计3和对比设计2相同，分析结果也与对比设计2相同。 综上所述，本外观设计与现有设计相比不具有明显区别，对比设计1、2和3可以作为评价涉案专利不符合《专利法》第二十三条第二款规定的证据

案例二：涉及图案创新产品的检索

（一）案情简介

涉案专利为地毯，属于平面产品。被告在产的地毯被专利权人控诉侵权。被告针对该控诉，可以通过分析该专利权的稳定性，即对原告的专利权进行检索分析予以化解。如果检到可利用的证据，可针对该专利权提起无效请求（如表 6 - 1 - 14 所示）。

表 6 - 1 - 14　图案创新产品的的检索信息

发明创造名称	地毯（M 纹）	分类号	0611
外观设计 图片或照片			
简要说明	1. 本外观设计产品的名称：地毯（M 纹）； 2. 本外观设计产品的用途：本外观设计产品用于家居、装饰、室内外铺地材料、工业铺地材料、汽车铺垫装饰等； 3. 本外观设计产品的设计要点：形状、图案及其结合；单元图案四方连续，无限定边界； 4. 最能表明本外观设计设计要点的图片或照片：主视图； 5. 省略视图：其他视图不易被看到，故省略		
申请日	2015 年 8 月 11 日		

（二）检索要点

本外观设计重要的特征在于该产品为平面产品，未请求保护色彩，所以设计要点集中在产品的图案部分。该类型产品的图案一般包含图案及其形成图案的纹路。

（三）检索分析

（1）检索领域的确定。对于平面类产品，由于其设计要点在于图案，所以应用环境类似的平面产品都需要纳入检索领域。本外观设计的产品属于家居布艺类的产品，所以地毯、挂毯、桌布、窗帘、面料等覆盖物或平面布艺产品涉及的分类号都需要检索，具体涉及上述类别产品的分类号有 0505（纺织纤维制品）、0506（人造或天然材料片材）、0611（地毯、地席、地垫和小地毯）、0612（挂毯）和 0613（毯子及其他覆盖物，家用亚麻制品和餐桌用布）。

（2）检索关键词的确定。本外观设计涉及的关键词主要有：地毯、毛毯、床边毯、茶几毯，因此，其核心关键词在于"毯"。由于需要检索领域的产品跨度较大，涉及窗帘、面料、花布等，仅选用关键词检索时可以用毯、布、面料进行检索。

（3）数据库选择。本外观设计图案的检索，在专利数据库中利用分类号进行检索时，由于涉及领域的产品数据量巨大，建议采用带图形检索功能的检索数据进行检索，查看匹配度较高的检索结果。例如，D 系统，用分类号 + 图形检索的复合检索形式进行检索；或者带识图功能的互联网检索资源，如淘宝、百度识图进行图形检索。

（四）检索过程及结果（如表 6 – 1 – 15 所示）

表 6 – 1 – 15　图案创新产品的检索结果

检索数据库	D 系统、淘宝、百度识图	
检索式	D 系统	（"0505"：M_MAIN_CLASS + "0506"：M_MAIN_CLASS + "0611"：M_MAIN_CLASS + "0612"：M_MAIN_CLASS + "0613"：M_MAIN_CLASS）&FieldText = RANGE ｛. , 2015 – 08 – 11｝：M_OPEN_DATE 配合图形检索
	淘宝百度识图	导入被检图片直接进行图形检索
检索筛选	检索结果筛选时，需要对申请日以前该领域该类型产品的设计空间进行充分了解和认识。主要过程在检索的过程中完成，设计空间的确定是选择筛选可用检索结果的基本条件 从现有设计可见，家居布艺类产品图案设计空间大，条纹类型的图案也包括竖条纹、横条纹、波浪形条纹等多种类型（如下图所示） 波浪形条纹中，有圆弧形波浪和直线波浪之分。就直线波浪形条纹而言，波浪线的粗细、线条间的间距、线条配色以及不同材质形成的纹路等均具有较大的设计空间。例如下述现有设计中的直线波浪图案（如下图所示）	

检索筛选	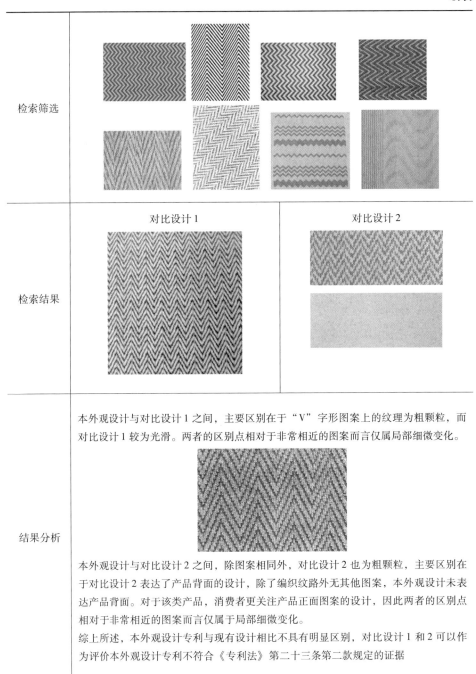

检索结果	对比设计 1　　　　　　　　　　　对比设计 2

结果分析	本外观设计与对比设计 1 之间，主要区别在于 "V" 字形图案上的纹理为粗颗粒，而对比设计 1 较为光滑。两者的区别点相对于非常相近的图案而言仅属局部细微变化。 本外观设计与对比设计 2 之间，除图案相同外，对比设计 2 也为粗颗粒，主要区别在于对比设计 2 表达了产品背面的设计，除了编织纹路外无其他图案，本外观设计未表达产品背面。对于该类产品，消费者更关注产品正面图案的设计，因此两者的区别点相对于非常相近的图案而言仅属于局部细微变化。 综上所述，本外观设计专利与现有设计相比不具有明显区别，对比设计 1 和 2 可以作为评价本外观设计专利不符合《专利法》第二十三条第二款规定的证据

第二章 可专利性检索

第一节 可专利性检索概述

一、概念

从发明、实用新型和外观设计三项专利权的属性来说，可专利性（Patentability）检索是指专利新颖性和创造性的分析，是通过检索和对比，确定申请专利的发明创造是否具有专利性❶。

二、外观设计的可专利性❷

外观设计专利需满足的条件与发明专利及实用新型专利不同，它需要满足的可专利性包括新颖性、创造性、美观性与合法性。

《专利法》第二十三条规定："授予专利权的外观设计，应当不属于现有设计；也没有任何单位或者个人就同样的外观设计在申请日以前向国务院专利行政部门提出过申请，并记载在申请日以后公告的专利文件中。

授予专利权的外观设计与现有设计或者现有设计特征的组合相比，应当具有明显区别。

授予专利权的外观设计不得与他人在申请日以前已经取得的合法权利相冲突。

本法所称现有设计，是指申请日以前在国内外为公众所知的设计。"

其中，《专利法》第二十三条第一款对应新颖性的要求，第二款对应创造性的要求，第三款对应合法性的要求。

❶❷　刘银良. 知识产权法［M］. 北京：高等教育出版社，2010：228－229.

合法性是指可能与外观设计专利相冲突的在先合法权利，包括商标、著作权、企业名称权（包括商号权）、知名商品特有包装或装潢使用权、肖像权等。设计人如果未经权利人许可，使用了相关商标、作品、企业名称（商号）、知名商品的特有包装或装潢、自然人的肖像等，就可能侵犯他人的在先合法权利。在专利审查中，合法性并不作为驳回外观设计专利申请的理由，但可作为宣告某外观设计专利权无效的理由。

美观性则属于对外观设计的一般性要求，并不作为具体的审查标准用于驳回外观设计专利申请或宣告外观设计专利权无效。

三、外观设计的可专利检索

外观设计的可专利性的四个条件中，新颖性、创造性和合法性需要通过检索来确定是否符合《专利法》相关规定。其中，新颖性和创造性的检索是外观设计的一般检索，而合法性主要是指避免与在先的权利相冲突。所谓"相冲突"是指不同权利的权利客体彼此重叠、交叉，多个权利人能够对包含相同内容的权利客体主张其权利，在行使权利优先的问题，该项规定主要是为了避免与申请日以前已经取得的合法权利相冲突的思路❶。因此，申请人如果不了解外观设计涉及的设计要素的权利问题，需要通过检索来初步了解和排查。该类型的检索不同于外观设计新颖性等一般性检索的思路，并且随着外观设计具体情况的不同，检索方向也有很大区别。

外观设计专利符合初步审查的相关规定后即可获得授权，但是，由于外观设计在初审中通常不进行检索，因此，获得的授权通知书处于不稳定状态。换句话说，不满足专利性条件的外观设计，即便获得了初步审查的授权，其权利实质上处于随时被无效的风险。因此，不经过实质审查的外观设计专利申请，申请人也需要经过可专利性检索来确定外观设计是否能够申请专利的状况，有利于确定外观设计权利的稳定性。

---

❶ 尹新天. 中国专利法详解［M］. 北京：知识产权出版社，2011：312.

第二节 检索案例分析

一、案情简介

涉案专利为吉他变调夹，该产品用来吉他转调，取吉他弦上的钉子。申请人在拿到该设计方案时，认为其设计轻巧、流畅，具有很大的市场潜力，计划申请外观设计专利。现需要进行外观设计可专利性检索来确定该方案是否能够获得稳定的外观设计权利（如表 6 - 2 - 1 所示）。

表 6 - 2 - 1 可专利性检索的案例信息

发明创造名称	吉他变调夹（带取弦器）	分类号	1799
外观设计图片或照片	主视图　　　　右视图　　　　立体图		
简要说明	1. 本外观设计产品的名称为：吉他变调夹（带取弦器）； 2. 本外观设计产品的用于：吉他转调功能，取吉他弦上的钉子； 3. 本外观设计产品的设计要点：整体形状； 4. 最能表明本外观设计要点的图片或照片为：主视图		
检索日期	2015 年 9 月 22 日		

二、检索要点

本外观设计属于乐器领域专用的工具，可专利性检索主要是针对其新颖性和创造性进行检索。由于该外观设计中并未涉及商标、图案等可能与著作权交叉的设计要素，因此，检索的重点就在于该产品形状的外观设计。

三、检索分析

（1）检索领域的确定。本外观设计是吉他变调夹，洛迦诺分类表中 17 大类为乐器，下属小类除了 1799 分类号为其他杂项，其他类别均按照乐器类别分类，吉他属于 1703 小类的弦乐器，其他相关工具和部件都随上位分类。因此，本外观设计属于 1703 小类，此外，为了检索的全面性，1799 也应当纳入检索的范围。

（2）检索关键词的确定。吉他变调夹也叫变调器、移调夹，因此，可用于检索的关键词有吉他、变调夹、变调器、移调夹。结合分类号进行检索时，可以用关键词"吉他""夹""调"。

（3）数据库选择。虽然本外观设计并未申请外观设计专利，但由于检索的目的是用于可专利性检索，所以，检索日以前是否存在已授权专利、互联网是否有公开的现有设计都是检索的范围。因此，检索的数据库除了专利数据库以外，互联网也应当进行检索，可选择淘宝、京东等电商平台检索是否有检索日以前的公开销售记录。

四、检索过程及结果（如表 6 - 2 - 2 所示）

表 6 - 2 - 2　可专利性检索的检索结果

检索数据库	中国专利公告检索系统、互联网电商销售平台	
检索式	D 系统	公开（公告）日 < 2015 - 09 - 22　AND 发明名称 =（吉他夹调）AND IPC 分类号 =（1703 1799）
	互联网电商销售平台	淘宝拍立淘、淘宝网页上传图片，京东采用关键词检索"吉他变调夹变调器 移调夹"
检索筛选	检索结果筛选时，需要对检索日以前该领域该类型产品的设计空间进行充分了解和认识。主要过程在检索的过程中完成，设计空间的确定是选择筛选可用检索结果的基本条件。 从现有设计可见，变调夹类产品基于夹持的基本功能，夹子的形状基本固定，但是其各部件的具体形状设计有较大的设计空间。整体形状和组成方面，有整体近似"U"形的设计、鳄鱼造型、上部设有的圆球形凸起的设计等；夹持件的形状方面，有尖角形凸起设计、卷曲形状设计等；主体和夹持件的连接位置方面，有连接于主体竖直部拐角下方的设计等；夹持部垫层方面，有夹持件上的平滑弧形垫层设计、主体上长方块状的垫层设计等；主体竖直部和夹持件左侧是否设置弹簧方面，有该部位均未设置弹簧的设计等	

检索筛选	 在较大设计空间的前提下，现有设计中有一部分外形近似"个"字形的形状设计（如下图所示）。该类设计在整体形状接近的前提下，在竖直部、夹持件、连接部等部件的具体形状方面也有很大的设计空间，例如下方右侧两个现有设计夹持部右侧的尖角凸起 
检索结果	对比设计1　　对比设计2　　对比设计3 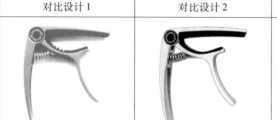
结果分析	本外观设计和对比设计1的区别点主要在于产品局部的形状和图案不相同：主体直角处圆形中部的前后两侧本外观设计均为小圆形，对比设计1为直径略小于主体圆形、内部有环形文字的圆形；主体上的垫层对比设计1比本外观设计厚；夹持件右侧末端面形状本外观设计为圆弧形，对比设计1为圆角方形；主体竖直部内侧本外观设计平滑，对比设计1为浅槽状；主体竖直部末端本外观设计略向内弯折并有拱形豁口，对比设计1没有弯折，且末端面为圆角方形。上述所涉及区别均为局部细节，占产品整体的比例均较小，并且差别也较小，相对于基本相同的整体和各部件的形状设计特征而言，仅属于局部细微变化。 对比设计2与对比设计1各部分形状和图案基本相同，因此，本外观设计与对比设计2的区别点与本外观设计与对比设计1的一致。 本外观设计和对比设计1的区别点主要在于产品局部的形状和图案不相同：主体直角圆形中部前后两侧本外观设计均有同心的小圆形，对比设计1为一大一小两个同心圆形；主体竖直部末端本外观设计略有弯折，对比设计1该部位为平滑弧形；对比设计1主体上的垫层比本外观设计厚。 综上所述，本外观设计与现有设计相比不具有明显区别，对比设计1、2、3可以作为评价涉案专利不符合《专利法》第二十三条第二款规定的证据。因此，本外观设计不具有外观设计的可专利性

第三章　外观设计专利的侵权检索

第一节　侵权检索概述

一、定义

侵权（Infringement）检索用来判断一件有效的外观设计专利是否主张了被检索产品的创意、设计。侵权检索包括两个内容，一个是专利侵权主动检索，一个是专利侵权被动检索。

二、检索特点

检索特点根据侵权检索的两个内容不同，下面分别介绍。

（一）专利侵权主动检索

它是侵权检索的一部分，又称防止侵权检索，是指为了避免发生专利侵权纠纷而主动对某一新产品进行专利检索，其目的是要找出可能受到其侵害的专利（亦称障碍专利）。专利侵权主动检索的对象是有效专利。

外观设计的专利侵权主动检索的检索范围主要涉及两个方面：一个是时间范围，另一个是地域范围。对于时间范围来说，根据该产品上市的国家、地区不同，时间范围也不同。例如，对于中国的外观设计来说，时间范围应当是检索实施日前 10 年以内的外观设计专利文献；对于美国的外观设计来说，时间范围应当是检索实施日前 14 年以内的外观设计专利文献。对于地域范围来说，就要看产品的制造、使用、销售、许诺销售或进口的地域。例如，一项新的外观设计在中国即将上市，需要在中国实施专利侵权的主动检索。

专利侵权主动检索的目标是发现那些可能被侵权的外观设计专利，为后续专利侵权风险分析提供证据支持❶。

（二）专利侵权的被动检索

它是侵权检索的另一部分，又称被动侵权检索，是指当侵权人不知道其制造、使用、销售、许诺销售或进口的某一新产品是别人的有效专利而被专利权人指控侵权时，为证实自己的新产品是否侵权，以及为寻求被动侵权的自我保护而进行的侵权检索。被动侵权的产生有两个原因：一是从未做过现有设计的专利检索，二是采用特定新的设计前未对该设计进行专利性检索。

被动侵权检索首先是通过已获得的某一外观设计专利信息，检索被侵权的外观设计专利文献。可通过被侵权专利所透露的信息，如外观设计专利号、外观设计产品名称、专利权人、外观设计图片或照片、外观设计简要说明等内容作为检索入口，利用本书中所说的检索系统进行检索。

大多数被动侵权发生在国内，即侵犯在中国有效的外观设计专利权。所以，被动侵权检索的范围只限于中国外观设计专利文献。

被动侵权检索检索步骤主要有三步❷：

第一步，确定是否为授权的外观设计专利以及是否为有效外观设计专利。

第二步，分析是否侵权，使用双方的外观设计图片或照片进行比较分析。如果确认指控侵权的外观设计与有效专利中的外观设计不相同也不实质相同，则不侵权，检索可停止；如果相同或实质相同判为侵权时，也不应放弃努力，可进一步实施第三步检索。

第三步，为提出无效诉讼而进行检索，查找可提供无效诉讼的依据，包括专利性（新颖性、创造性和实用性）检索，结合专利申请日之前公布的可破坏其外观设计专利性的非专利文献为证据，防御效果最好。

第二节　检索案例分析

一、案情简介

某玩具公司生产一批玩具兔子，上市后天猫销售量直线上升，稳居销售量排名前几名，且售价低于其他商家。某天，该玩具公司接到日本某公司发

---

❶❷　http：//blog. sina. com. cn/wangshenglizhuanliboke.

来的侵权文件。日本公司提供了其在中国的外观设计专利详细信息。该玩具公司领导和知识产权部门迅速响应，开始被动侵权检索（如表6-3-1所示）。

表6-3-1 侵权检索的案例信息

发明创造名称	布偶	分类号	2101
外观设计图片或照片			
简要说明	1. 本外观设计产品的名称：布偶； 2. 本外观设计产品的用途：本外观设计产品用于毛绒玩具； 3. 本外观设计产品的设计要点：产品的整体形状； 4. 最能表明本外观设计设计要点的图片或照片：主视图		
申请日	2015年4月13日		

二、检索要点

此类情形属于被动侵权检索。该玩具公司进行检索前应从以下几个方面进行核实：第一，查阅该产品的专利情况，确认该产品是否申请外观设计专利、该专利是否是有效专利、是否是在中国申请的外观设计专利；第二，分析是否侵权，经对比双方的外观设计，该玩具公司的产品与日本某公司的外观设计专利实质相同，基本确定侵权；第三，实施无效诉讼，为无效诉讼寻找证据。

三、检索分析

（1）检索领域的确定。该产品属于玩具领域，洛迦诺分类为2101小类。但根据应用的领域来说，经常在手机套、手机链、装饰品领域看到类似的产品，所以应扩大并确定检索的领域1102、1403、1499、2101、0301。

（2）检索关键词的确定。选定玩具、兔、套、链、饰品，结合分类号进行检索。

（3）数据库选择。首选中国专利公告检索系统、中国专利检索和分析系统，其次选择互联网。

四、检索过程及结果（如表 6 - 3 - 2 所示）

表 6 - 3 - 2　侵权检索的检索结果

检索数据库	中国专利公告检索系统、中国专利检索和分析系统、互联网
检索思路	该公司是日本的公司，首先选择在日本官网检索其专利情况；其次在日文网站检索，比如日本亚马逊等检索；最后是日本各大图书馆的杂志等
检索筛选	从现有设计状况来看，对于动物玩偶类的产品而言，由毛绒面料缝制加工的动物造型为常见的设计，但是动物在整体的形状设计、姿态造型以及面部五官、四肢等各部位上都各不相同，不管是整体形状还是具体部位的设计都具有较大的设计空间
检索结果	对比设计1： 对比设计2：
结果分析	对比设计1、对比设计2为互联网公开的外观设计，公开网站均为日本亚马逊官方网站（http：//www. amazon. co. jp），检索时浏览网页时间是2016年5月9日。上述网站属于知名大型电子商务网站，是与专利权人无直接利害关系的第三方网站，在未得知有相关纠纷发生的前提下，能够确定上述网站为可靠信息来源，可以认定其内容真实可信。 网站中对比设计1商品的页面上的产品上架日期为2013年12月3日，即可视为从该互联网可以浏览到该信息的公开时间。对比设计2商品的页面上的产品上架日期为2015年1月7日，即可以视为从该互联网可以浏览到该信息的公开时间。对比设计1、对比设计2的公开日均早于本专利的申请日2015年4月13日。因此对比设计1、对比设计2构成本专利的现有设计。 对比设计1、对比设计2为手机壳，被检专利为玩具类产品，虽然产品类别不同，但由其他种类产品的外观设计转用得到的玩具类产品的外观设计，该转用属于明显存在转用手法的启示的情形，因此对比设计1、对比设计2可以作为对比文件，对被检专利是否符合《专利法》第二十三条第二款的规定分别进行评价。 将被检专利与对比设计1的手机壳进行对比可知，两者的相同点主要在于：两者整体形状与结构均相同，整体均为趴着的兔子造型，全身除腿脚外均由长毛绒面料缝制加工而成，竖立的两只耳朵长又大，眼睛较小，臀部上方的尾巴粗短呈半球状，身体伸展，前后腿分别向前后方伸直，四条腿的一部分和四只脚上无毛绒面料，腿脚约呈"J"形钩状，四只脚伸出于身体

结果分析	而被检专利与对比设计1的区别点主要在于：① 两者的头部的缝制线不同：被检专利中的头上有三条缝制线；对比设计1中的头上无明显的缝制线。② 两者的唇部设计不同：被检专利中的三瓣嘴呈弧形；对比设计1中的各条唇线均接近直线。③ 对比设计1的腿部稍短。 被检专利与对比设计1的整体形状以及动物头部、四肢、身躯等具体部位的细节设计均基本相同，仅在头部缝制线、兔唇线以及腿部长短存在细微不同，该区别属于局部细微变化，其对整体视觉效果不足以产生显著影响。因此，被检专利是由手机壳类产品的现有设计转用得到的玩具类产品的外观设计，该转用属于明显存在转用手法的启示的情形，被检专利与对比设计1的设计特征仅有细微差别，且该转用未产生独特视觉效果，两者不具有明显区别。 对比设计2与被检专利的形状基本相同，仅对比设计2中的头部缝制线没有涉案专利中的缝制线明显，故同理可证，两者仅存在局部细微变化，其对整体视觉效果不足以产生显著影响。因此，被检专利与对比设计2相比，两者不具有明显区别。 综上所述，被检专利是由其他种类产品的外观设计转用得到的玩具类产品的外观设计，该转用属于明显存在转用手法的启示的情形，被检专利与对比设计1、对比设计2的设计特征均仅有局部细微差别，且该转用未产生独特视觉效果。被检专利与对比设计1、对比设计2相比不具有明显区别。因此，被检专利不符合《专利法》第二十三条第二款的规定。 该国内公司以此为由向国家知识产权局专利复审委员会针对被检专利提出无效请求，要求其宣告被检专利全部无效

第四章　外观设计专利的确权检索

第一节　检索概述

一、定义❶

确权（Clearance）检索，即"有权使用"或"自由使用"检索，是用来判断当事人是否可以"自由地"制造、使用和销售发明构思。因此，外观设计专利的确权检索即为确定是否能够自由制造、许诺销售或销售外观设计。确权检索应当在新产品引入市场之前实施，这样能够避免被起诉侵权。

二、检索特点❷

从上面的定义可见，确权检索的目的有两个：一是检索投入市场的产品是否存在侵犯外观设计专利权的可能，二是如果存在可能侵犯的外观设计专利权，该权利是否有效。因此，确权检索的实质为专利性检索和侵权检索两者的结合。确权检索的主题是虚拟的外观设计的设计方案或权利，要结合产品投放市场的国家，检索相应国家的外观设计专利权，以及公知领域相关外观设计的状况。确权检索非专利文献，可以获得他人存在侵权的情况，或者重复权利的存在。

确权检索中，关于虚拟外观设计或权利的检索范围和方法与专利性检索基本相近，下节中仅举例说明确权检索中外观设计权利的法律状态的检索。

---

❶❷　David Hunt Long Nguyen Matthew Rodgers. 专利检索：工具与技巧［M］. 北京：知识产权出版社，2013：25 – 26.

第二节 检索案例分析

一、案情简介

主要案情如表 6 - 4 - 1 所示。

表 6 - 4 - 1 外观设计专利法律状态检索的案件信息

发明创造名称	伞		分类号	0303
检索日期	2016 年 4 月 3 日			
检索目的	我国某企业计划制造下图所示的雨伞产品，并拟定日后在日本市场销售之前，需要对该外观设计专利的雨伞产品的法律状态进行检索			
检索数据库	国家知识产权局专利审查信息查询系统；日本特许厅官网数据库			
外观设计				
检索结果	中国	该外观设计专利未缴纳第 3 年度年费和滞纳金，故该专利权于 2013 年 6 月 30 日终止		
	日本	日本的该产品外观设计专利仅缴纳了 3 年年费，故已经于 2014 年失效		

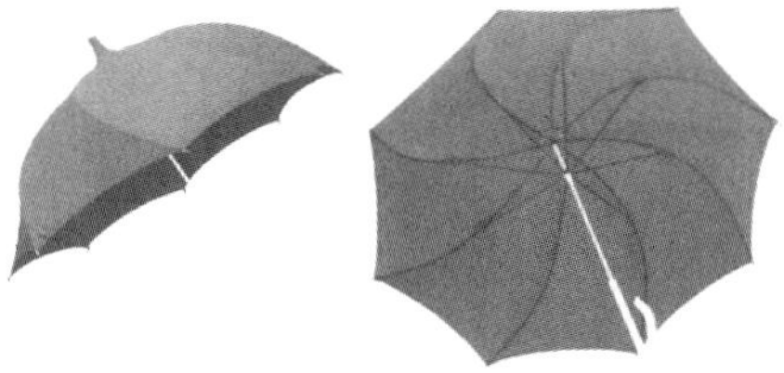

二、日本特许厅官网检索结果

日本特许厅官网检索结果如图 6 - 4 - 1、图 6 - 4 - 2 所示。

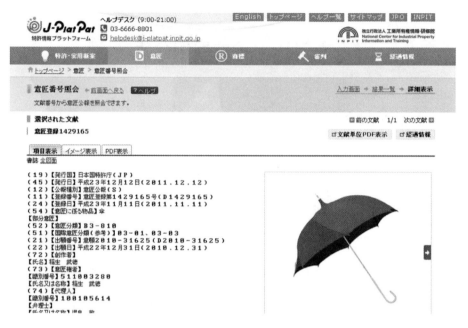

图6-4-1 日本特许厅官网检索结果截图1

图6-4-2 日本特许厅官网检索结果截图2

三、中国及多国专利审查信息查询系统检索结果

中国及多国专利审查信息查询系统检索结果如图6-4-3所示。

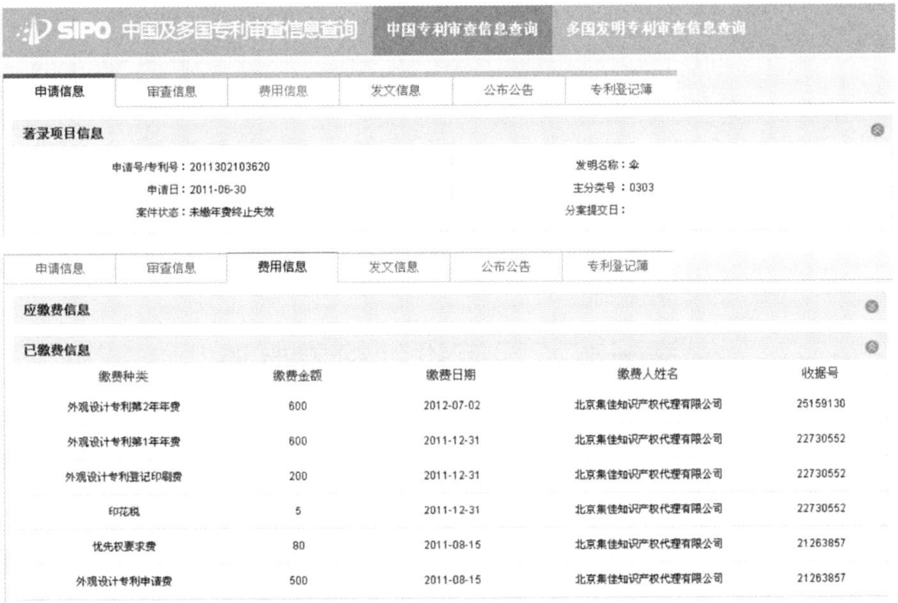
SIPO 中国及多国专利审查信息查询　中国专利审查信息查询　多国发明专利审查信息查询

申请信息　审查信息　费用信息　发文信息　公布公告　专利登记簿

著录项目信息

申请号/专利号：2011302103620　　发明名称：伞

申请日：2011-06-30　　主分类号：0303

案件状态：未缴年费终止失效　　分案提交日：

申请信息　审查信息　费用信息　发文信息　公布公告　专利登记簿

应缴费信息

已缴费信息

缴费种类	缴费金额	缴费日期	缴费人姓名	收据号
外观设计专利第2年年费	600	2012-07-02	北京集佳知识产权代理有限公司	25159130
外观设计专利第1年年费	600	2011-12-31	北京集佳知识产权代理有限公司	22730552
外观设计专利登记印刷费	200	2011-12-31	北京集佳知识产权代理有限公司	22730552
印花税	5	2011-12-31	北京集佳知识产权代理有限公司	22730552
优先权要求费	80	2011-08-15	北京集佳知识产权代理有限公司	21263857
外观设计专利申请费	500	2011-08-15	北京集佳知识产权代理有限公司	21263857

图6－4－3　中国及多国专利审查信息查询系统检索结果截图

第五章 现有设计状况的检索

第一节 现有设计检索概述

现有设计状况的检索，换言之就是对某个领域，或者某个企业或个人外观设计专利整体状况的全面了解，检索的要点是全面性。这一类型的检索结果可以用来了解、分析企业或者产业的发展状况。从检索的目的出发，主要分为两种类型。一种是在产品设计之前，了解该类型产品设计现状，或者在一些受技术限制较大的外观设计方面，为了规避侵权风险而制定的有针对性的检索。另一种是有针对性的检索竞争对手的外观设计专利布局状况，了解竞争对手的研发动态，或者学习竞争对手的专利布局策略和经验。

第一种类型的检索，是对某一类型产品设计现状的了解和剖析，其检索的实质是某一类型产品专利信息中现有设计状况的整体检索和分析。简言之，是针对固定产品类型的检索。

第二种类型的检索，是有针对性检索某公司或个人的外观设计专利持有现状，了解该公司或个人的外观设计专利布局，以及在维持的有效专利的状况。简言之，这类检索是固定的某个"竞争对手"，其持有的产品类型并不固定。

上述这两种类型的检索，检索的共性是专利信息的检索，所以数据库的选择仅需要锁定在专利数据。由于检索的目的是用于整体状况的分析处理，所以兼具专利分析类型的全面检索。因此，可以使用带有分析功能的数据库进行检索。例如，利用国家知识产权局官网推出的可以免费使用的"专利检索及分析"系统进行检索，或者选择能够导出 Excel 表格的 Orbit 外观设计数据库，再进行数据的加工和处理，达到专利分析的效果。

目前，现有专利数据库中针对外观设计的分析多少都有功能不全的情况。例如，上述的"专利检索及分析"系统，由于发明和外观设计的分类体系不相同，而该系统主要考虑了发明的技术领域分类体系，因此，在数据提取的时候“技术领域统计”一栏显示“无统计信息”。下文中列举上述“专利检索及分析”系统的检索案例，用以说明对“竞争对手”外观设计权利状况的检索的要点。

第二节　检索案例分析

案例一：对空气净化器产品现有设计状况的检索

（一）案情简介（如表6－5－1所示）

表6－5－1　空气净化器产品现有设计状况的检索信息

检索目的	了解空气净化器的设计现状和主要权利人分布情况
检索数据库	国家知识产权局官网的“专利检索及分析”系统
检索式	申请日＝20150101：20151231 AND 发明名称＝（空气净化器）AND 发明类型＝（“D”）AND 公开国＝（CN）
检索结果	共检索到982件已公告的空气净化器的外观设计专利
结果处理	利用该系统自带的分析功能进行结果统计和分析

（二）检索结果

检索结果如图6－5－1～图6－5－3所示）

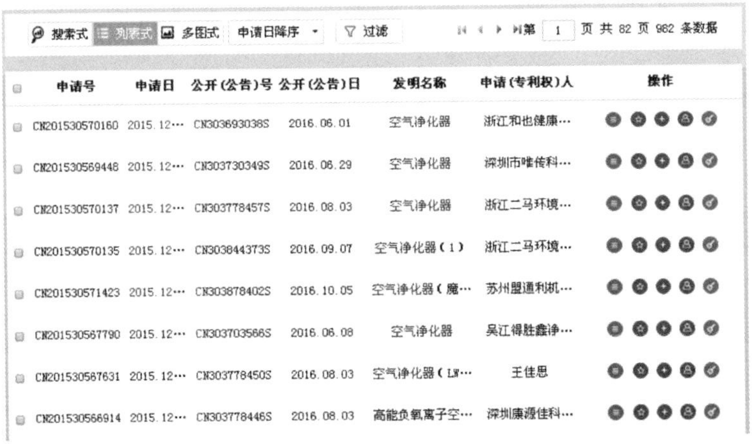

申请号	申请日	公开（公告）号	公开（公告）日	发明名称	申请（专利权）人	操作
CN201530570160	2015.12…	CN303693038S	2016.06.01	空气净化器	浙江和也健康…	
CN201530569448	2015.12…	CN303730349S	2016.06.29	空气净化器	深圳市唯传科…	
CN201530570137	2015.12…	CN303778457S	2016.08.03	空气净化器	浙江二马环境…	
CN201530570135	2015.12…	CN303844373S	2016.09.07	空气净化器（1）	浙江二马环境…	
CN201530571423	2015.12…	CN303878402S	2016.10.05	空气净化器（魔…	苏州盟通利机…	
CN201530567790	2015.12…	CN303703566S	2016.06.08	空气净化器	吴江得胜鑫净…	
CN201530567631	2015.12…	CN303778450S	2016.08.03	空气净化器（LN…	王佳思	
CN201530566914	2015.12…	CN303778446S	2016.08.03	高能负氧离子空…	深圳康源佳科…	

图6－5－1　检索结果的列表显示

搜索式
列表式
多图式
申请日降序
过滤
第 1 页 共 82 页 982 条数据
申请号：CN201530570160.5
发明名称：空气净化器
申请号：CN201530569448.0
发明名称：空气净化器
申请号：CN201530570137.6
发明名称：空气净化器
主视图
申请号：CN201530570135.7
发明名称：空气净化器（1）
申请号：CN201530571423.4
发明名称：空气净化器（魔芯）
申请号：CN201530567790.7
发明名称：空气净化器

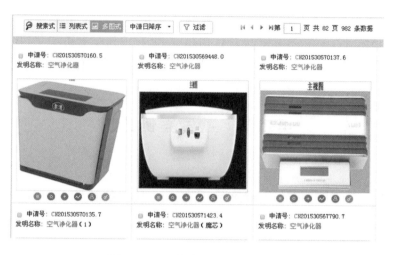

图 6－5－2　检索结果的多图显示

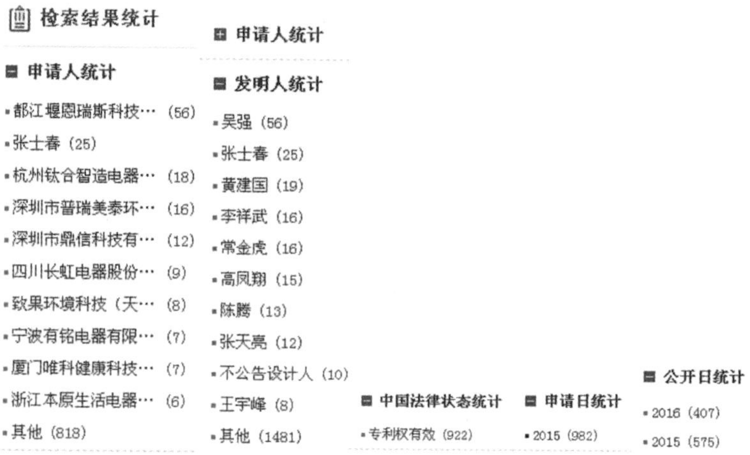

检索结果统计
申请人统计
申请人统计
都江堰恩瑞斯科技… (56)
张士春 (25)
杭州钛合智造电器… (18)
深圳市普瑞美泰环… (16)
深圳市鼎信科技有… (12)
四川长虹电器股份… (9)
致果环境科技（天… (8)
宁波有铭电器有限… (7)
厦门唯科健康科技… (7)
浙江本原生活电器… (6)
其他 (818)
发明人统计
吴强 (56)
张士春 (25)
黄建国 (19)
李祥武 (16)
常金虎 (16)
高凤翔 (15)
陈腾 (13)
张天亮 (12)
不公告设计人 (10)
王宇峰 (8)
其他 (1481)
中国法律状态统计
专利权有效 (922)
申请日统计
2015 (982)
公开日统计
2016 (407)
2015 (575)

图 6－5－3　检索结果的统计信息

（三）检索结果分析

检索结果页面右侧滚动条旁有选择、添加等分析数据库的功能，最下方田字形按键可选择将检索结果全部覆盖至分析数据库（如图 6－5－4a 所示）。分析数据库有分析文献库、申请人分析和日志报告三个模块（如图 6－5－4b 所示）。其中，分析文献库可以进行数据库删减、修改的维护，申请人分析有趋势分析、技术分析、区域分布分析、有效专利数量分析、相对研发实力分析、技术重心指数分析以及核心申请人统计这 7 个模块（如图 6－5－4c 所示）。相对研发实力分析和技术重心指数分析这两个模块式基于发明和实用新型的 IPC 分类实现的，由于该系统并未标注外观设计分类号的数据，因此，该分析对外观设计专利发挥不了作用。核心申请人统计模块对于普通免费注册的用户并未开放，如果要使用该功能，需要开通高级用户权限。可以通过下载《高级用户申请表》，并向地方知识产权局提交申请，由地方知识产权局审核并盖章，通过后由地方知识产权局将账号发送给用户。

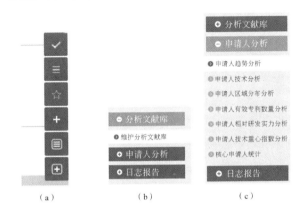

（a）　　　　　　　（b）　　　　　　　（c）

图 6 - 5 - 4　检索结果的数据维护界面

文献库可进行数据的删除、公开/公告去重等功能（如图 6 - 5 - 5 所示）。

图 6 - 5 - 5　文献库的维护界面

（四）数据分析结果

检索数据的分析结果如图 6 - 5 - 6 ~ 图 6 - 5 - 8 所示。

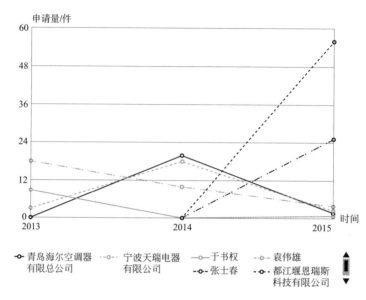

图 6 - 5 - 6　申请人趋势分析

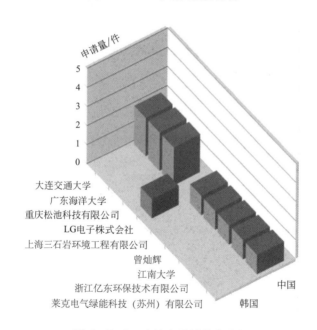

图 6 - 5 - 7　申请人区域分布分析

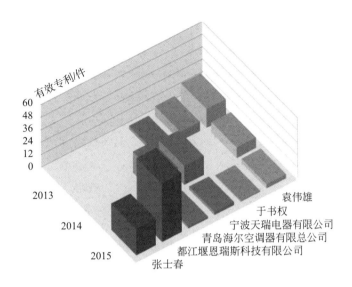

图6-5-8 申请人有效专利数量分析

案例二：对某知名企业外观设计专利布局的检索

（一）案情简介（如表6-5-2所示）

表6-5-2 对某知名企业外观设计专利布局的检索信息

检索目的	了解某企业的的外观设计专利持有现状（仅以联想举例）
检索式	申请日=20130101：20151231 AND 申请（专利权）人=（联想）AND 发明类型=（"D"）AND 公开国=（CN）
检索结果	共检索到218件已公告的外观设计专利，涉及四家联想相关公司，申请量主要集中在"联想（北京）有限公司"。 注：本案例仅为举例说明，检索某公司的专利持有状况，还应当考虑到所有控股、分公司等申请人名称进行全面的检索
结果处理	利用该系统自带的分析功能进行结果统计和分析

（二）检索结果

检索结果如图6-5-9~图6-5-11所示。

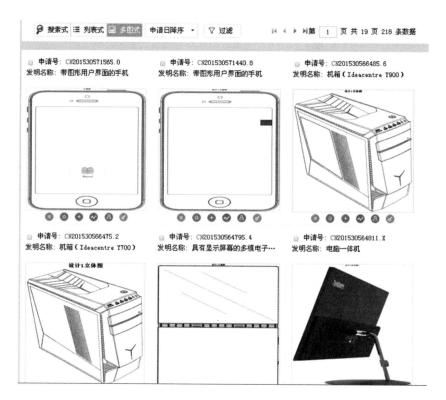

图 6 - 5 - 9   检索结果的列表显示

图 6 - 5 - 10   检索结果的多图显示

图 6 - 5 - 11　检索结果的统计信息

（三）数据分析结果

检索数据的分析结果如图 6 - 5 - 12 ~ 图 6 - 5 - 14 所示。

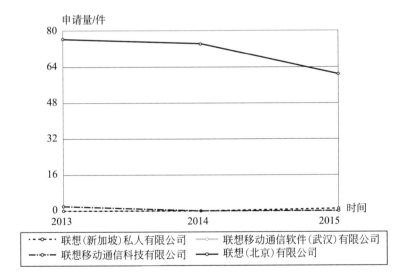

图 6 - 5 - 12　申请人趋势分析

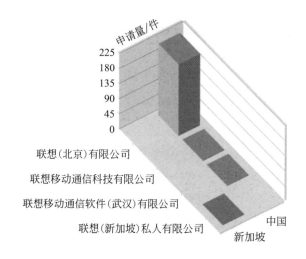

图 6 – 5 – 13　申请人区域分布分析

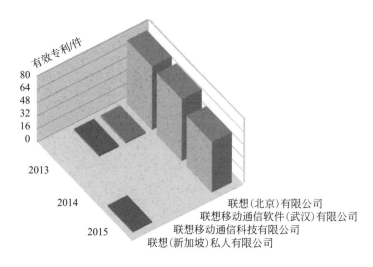

图 6 – 5 – 14　申请人有效专利数量分析

 结　语

本书第一部分对外观设计和发明/实用新型的检索进行横向对比，从外观设计侵权的特点分析了外观设计检索的特点。基于上述研究分析，围绕检索的核心问题"去哪检索""如何高效检索"，在接下来的章节对外观设计检索的策略分布进行了研究探讨。第二部分和第三部分别对现有外观设计检索资源进行了系统梳理和全面整合。第四部分以"检索前的准备""确定和完善检索要素""选择适当的检索范围""实施检索"这一基本检索策略为主线，研究分析各步骤的难点要点，最终形成外观设计检索的完整检索体系。此外，外观设计专利申请涵盖各个领域，如果要进一步提高检索效率，不同领域对应的检索侧重点也大不相同。因此，在对外观设计基本检索策略进行分析研究后，第五部分选取了座椅和照明灯具两个领域为代表，对如何提高分领域检索效率进行深入分析研究，在理论和实例相结合中进一步阐明实用策略。最后，从外观设计的检索实践出发，在第六部分从无效宣告请求和现有设计抗辩的检索、可专利性检索、侵权检索、确权检索以及现有设计检索的实际检索需求的特点出发，以实例解析为主的形式研究分析上述不同情况的检索特点和要点。

本书全面梳理了目前可利用的外观设计检索资源，提出了一套较为完整的外观设计检索策略体系，并从不同领域、不同检索目的等多个角度出发，对如何进一步提高检索效率进行了实例分析研究。本书希望通过对外观设计检索体系的梳理和举例，能够对社会相关公众在外观设计检索方面提供一定的理论参考和帮助。但是，由于本书编委对外观设计检索实际中遇到的各类问题有一定认识上的局限性，难免会存在认识片面、不全的情况。在此，欢迎广大读者针对书中存在的不足或错误给出批评指导意见或建议，共同为我国外观设计专利检索的理论水平提升增砖添瓦。

另外，通过对我国外观设计发展现状与国际上先进国家的外观设计专利发展状况的比较，本书编委认为当前还存在一些限制外观设计检索水平的客观条件，这些限制条件主要涉及以下三个方面。

一、我国还未建立适合国情的外观设计分类体系

分类体系是外观设计的重要检索要素，分类号检索是外观设计检索的重要途径。但是，我国使用的《国际外观设计分类表》（洛迦诺分类）中小类所包含产品类型混杂，各小类之间存在文献量差距悬殊、外观设计特征千差

万别的情况。因此，传统的分类体系已不能够有效适应我国庞大的外观设计数据检索工作。目前，日本、美国、韩国、欧盟都有自己的分类体系，上述国家的分类体系都在不同程度上解决了《国际外观设计分类表》表现出的缺陷。国家知识产权局非常重视我国分类体系的建立，近年来，从不同的角度针对我国如何建立外观设计分类体系开展了课题研究，并且有望在近些年立项实施。我国外观设计分类体系建立之后，会对外观设计检索效率的提升有很大的促进作用。

二、社会公众可使用的外观设计专利数据库不够完善

从本书梳理的外观设计检索可用的专利文献数据库可见，我国专门针对外观设计的专利数据库较少，大多数是以发明/实用新型检索为主的专利数据库。仅有的中国外观设计智能检索数据库和 Orbit 数据库显得力不从心：一个图像检索技术和开放程度处于发展阶段，有待完善；另一个检索结果的筛选对于数据量庞大的我国外观设计专利数据量较为困难。数据库的便利程度会直接影响外观设计专利检索的效能，因此，我国外观设计专利数据的发展还有很大的完善空间。

三、缺少外观设计非专利文献检索数据库

我国缺少外观设计非专利文献检索数据库，这也是影响我国外观设计专利检索效能的一个重要因素。国际上大多数先进国家都建立了切实有效、全面可用的非专利文献数据库，在提高外观设计检索效能方面发挥了重要作用。例如，日本特许厅就以国内外图书、杂志、产品目录和互联网等为依托，委托第三方收集整理各类工业产品的外观设计信息，并将其进行数字化处理，建立了外观设计非专利文献数据库"外观设计公知资料集"，为外观设计的检索提供了权威依据❶。此外，美国也提供了可用于检索的 Dialong、Questel Orbit 和 STN 等非专利文献商业数据库。如果我国能够建立专门针对外观设计的非专利文献数据库，将进一步提高外观设计非专利文献的检索效能。

---

❶ 雷怡，张璞. 日本"外观设计公知资料集"对我国非专利文献数据库建设的启示［J］. 中国发明与专利，2015（4）：106－111.

　　总的来说，虽然外观设计检索的相关硬件条件还有很大的不足，但是，随着现代科学技术的快速发展和外观设计相关制度的不断完善，这些限制条件能够实现突破，必将促进外观设计检索策略进一步完善提高。伴随着我国建设创新型国家的步伐、企业的转型升级，外观设计的检索的重要性也必将日益提高，外观设计专利制度以及和其密切相关的外观设计检索的方方面面都将会朝着更加便捷和全面的方向前进。

附　录

附录 A　美国外观设计专利检索系统

一、简介

美国专利商标局（United States Patent and Trademark Office，USPTO）目前通过互联网免费提供 1976 年至最近一周发布的美国专利全文库，以及 1790～1975 年的专利全文扫描图像，供社会公众免费查询，具体的网址是http：//www. uspto. gov。点击该页面左上角的"Patents"链接，可进入美国专利方面相关事务页面（如图附 A－1 所示）。

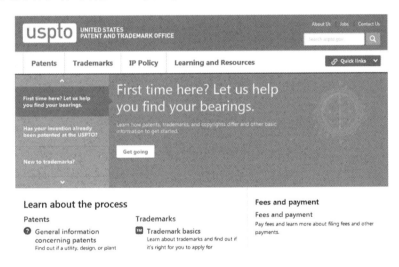

图附 A－1　美国专利相关事务页面

在页面左侧的链接目录中选择"Patent Process"下的"Search for Patent"，可进入专利检索页面（如图附 A－2 所示）。

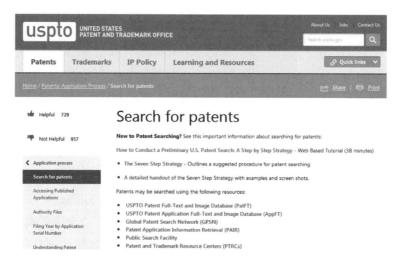

图附 A – 2　美国专利检索页面

在页面上部列举了若干检索项目，可以通过这些入口进行外观设计检索。

二、收录范围

美国专利全文库由文献著录信息库（Bibliographic Database）、文本全文库（Full – Text Database）组成。其中外观设计专利数据包括全部著录项目和外观设计图。

三、检索方式

美国专利商标局网站中的外观设计检索通常使用的是 1976 年以后的数据库，该数据库下方提供了快速检索、高级检索和专利号检索三种检索方式。

（一）快速检索（Quick）

常用的简单快捷的检索方式。这种方法最多能实现两个条件的布尔逻辑运算表达式的检索，两个条件之间存在着"逻辑或""逻辑与"和"逻辑非"之中的任意一种逻辑关系，并且具备关键词、年代范围、分类等检索功能。其检索过程可分以下五步进行。

（1）选择数据库。根据需要选择的年限范围，从 select years 下拉菜单中的三个数据库中选择一个需要的数据库。

（2）输入第 1 检索术语（term1）。在操作屏的（term1）输入框中输入检索术语，它包括关键词、人名、专利号、地名等。输入的关键词可以是物质名、商品名，也可以是词组或者短语。然后在（term1）输入框右边的（field）字段下拉菜单中根据需要选择相应的字段。若不选择，则默认为全部字段。

（3）选择逻辑运算符。在位于（term1）和（term2）两个检索术语输入框之间的逻辑运算符下拉菜单中，根据需要从 and、or、and not 中选择一种逻辑运算符。

（4）按照上述方法输入第 2 检索术语（term2），点击（search）按钮即可进行简单检索。

（5）快速检索的检索式、逻辑运算符比较简单易懂，选择检索条件、布尔逻辑运算符就可以生成检索式进行检索（如图附 A－3 所示）。

图附 A－3　美国专利快速检索操作页面

（二）高级检索（Advanced）

高级检索方式就是可实现两个条件以上的布尔逻辑运算表达式的检索。这种检索可按以下步骤进行操作。① 分析检索对象，确定检索术语（标识），它包括关键词、词组、分类号、人名、地名、日期等。② 列出字段检索式，字段检索式输入格式是字段代码 D 检索术语。在操作屏下方列有供用户选用的 31 个字段代码与字段名对照表。例如，文摘的代码为 9FB#、国际分类号的代码为 GHI、发明人姓名代码为 ABST、日期的代码为 ICL 等。

以下对几类主要检索术语列举出字段检索式。

（1）关键词检索。用户根据需要可从 TTL、ABST、ACLM 和 SPEC 字段代码中选择合适的字段代码，并列出字段代码检索式。选用不同的字段代码进行检索的结果是不同的，其查全率按照以上字段代码顺序逐渐提高。例如，利用 ABST 检索，其查全率低于利用 SPEC 检索的结果。

（2）分类号检索。用户利用分类号检索，可将检索范围限定到某一学科或者某一类目范围内。分类字段代码有 HHI 和 GHI 两种，它们分别为美国专利分类字段和国际专利分类字段。

（3）人名检索。包括发明人姓名、代理人姓名、审查员姓名等。

（4）日期范围检索。用户根据需要可以指定时间范围检索，这样可减少检索结果的专利文献量，以便节省浏览的时间和精力。

（5）列出综合布尔逻辑表达式。这种表达式是利用 AND、OR、AND-NOT、XOR 等逻辑运算符以及圆括号将所需要的字段检索式罗列成综合布尔表达检索式，并将其输入到询问（QUERY）框中。

（6）点击检索（search）按钮。弹出显示检索结果的窗口，然后按照与快速检索同样的方法浏览、下载专利说明书等。

高级检索的优势就是检索条件更多，检索式的编写较丰富（如图附 A - 4 所示）。

图附 A - 4　美国专利高级检索操作页面

（三）专利号检索（Pat Num）

专利号检索界面只有一个专利号输入框，它直接通过专利号查找相关专利（如图附 A - 5 所示）。利用此检索方式有以下两点需要注意。

（1）在检索栏输入除专利号以外的任何关键词将不被识别。

（2）重新定义检索工具使用和前面高级检索方式中的使用方法相同。

USPTO PATENT FULL-TEXT AND IMAGE DATABASE

| Home | Quick | Advanced | Pat Num | Help |

| View Cart |

Data current through November 8, 2016.

Enter the patent numbers you are searching for in the box below.

Query [Help]

[   ]   Search   Reset

All patent numbers must be seven characters in length, excluding commas, which are optional. Examples:

Utility -- 5,146,634 6923014 0000001
Design -- D339,456 D321987 D000152
Plant -- PP08,901 PP07514 PP00003
Reissue -- RE35,312 RE12345 RE00007
Defensive Publication -- T109,201 T855019 T100001
Statutory Invention Registration -- H001,523 H001234 H000001
Re-examination -- RX29,194 RE29183 RE00125
Additional Improvement -- AI00,002 AI000318 AI00007

图附 A −5　美国专利号检索操作页面

附录 B 日本特许厅外观设计专利检索系统

一、J–PlatPat 收录范围

主要收录数据包含如下四个方面。

（1）日本 1889 年以来所有授权的外观设计专利公报数据和 1999 年以来驳回的外观设计专利公报数据；

（2）日本外观设计公知资料；

（3）日本现用的外观设计分类表和旧版的外观设计分类表及其相互对照；

（4）国际洛迦诺分类表、韩国外观设计分类表、美国外观设计分类表及其与日本外观设计分类表的相互对照。

二、简单检索

简单检索界面支持多类型信息检索（如图附 B–1 所示），如产品名称、申请号、申请人等信息，可以在最后侧的运算关系处选择 OR 或 AND 进行运算，输入的不同关键词之间用空格隔开。检索结果的数量会显示在检索入口下方，可以选择"一览表示"查看。

图附 B–1 日本外观设计专利简单检索界面

三、意匠番号照会

如图附 B-2 所示，"種別"下有选项菜单，检索输入窗口常规有 4 组，可以追加，各组均包括"出願番号""意匠公報（S）""協議不成立意匠""審判番号"。

图附 B-2　意匠番号照会检索界面

"文献番号"下的表格为检索输入帮助。申请号输入方式为：1999 年以前用 2 位数字的日本纪年，2000 年以后用 4 位数字的公元纪年。例如，检索 1997 年的第 123456 号公布的专利申请，输入"H09-123456"；检索 2000 年的第 123456 号公布的专利申请，输入"H12-123456"或者"2000-123456"均可。位于序号之首的零可以忽略，如"H08-000123"可输入"H08-123"。其中，"平成"="H"（1988），"昭和"="S"（1925），"大正"="T"（1911），"明治"="M"（1867）。

"表示モード"为选择项，选择检索外观设计时是否同时检索类似外观设计，"単独"表示不检索类似外观设计，"類似一括照会"表示同时检索类似外观设计。

最后选择"照会"执行检索命令。

四、意匠公報テキスト検索

如图附 B - 3 所示，"種別"为选择项，"意匠公報"为普通外观设计，"意匠公報（国際意匠）"为国际申请（注：日本于 2015 年 5 月 13 日加入海牙协定）。

图附 B - 3　日本意匠公报文本检索界面

"検索オプション"（检索选项）中可以选定部分设计，以及关联申请等相关限定条件。

外观设计文本检索数据库可以进行 2000 年 1 月以后的申请号检索、文献号检索、申请人或外观设计所有人检索、分类检索、关键词检索和/或主题检索。

在该检索界面上设有 4 个选项和 4 个对应的检索输入窗口，各个选项之间可以选择"AND"（与）或者"OR"（或）进行逻辑组配。

检索时，点击"検索項目"（检索项目）下的每一个箭头按钮，出现下拉菜单，在菜单中选择所需要的选项，然后，在"検索キーワード"（检索关键词）下的对应窗口内输入相应的检索字符串。

从检索到的文献号中选取一个文献号，并点击此文献号，外观设计说明书就可显示出来（如图附 B - 4、图附 B - 5 所示）。

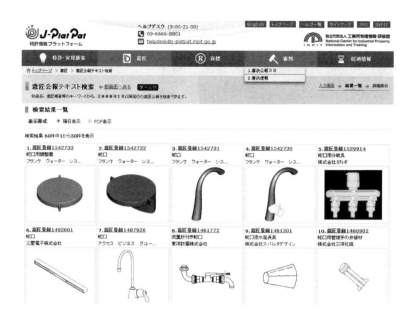

图附 B-4　日本意匠公报检索结果一览表

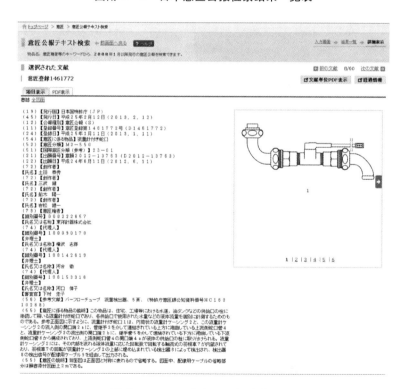

图附 B-5　日本意匠公报检索结果

五、日本意匠分类·D タ—ム検索

检索前，先行选定"分類指定"和"検索オプション"中的相关选项，之后在检索式中输入日本本国分类号或者"D – term"编号均可，可以采用"?"或"!"等通配符进行检索（如图附 B – 6 所示）。

图附 B – 6   日本意匠分类 D – term 检索界面

"検索オプション（範囲指定）"中可以打开下拉菜单指定检索公报的时间范围或者注册编号的范围进行检索（如附图 B – 7 所示）。

— 検索オプション(範囲指定)

登録日/出願日

◉ 登録日   ○ 出願日

例) 20150101   ～   例) 20150331

登録番号

例) 123450X   ～   例) 123459X

图附 B – 7   日本意匠分类 D – term 检索范围指定的下拉窗口截图

六、意匠公知资料照会

在"文献番号"项内选择"公知资料番号"或者"登陆番号（US 公

报）",在"番号"内输入相应的资料番号。若是选择"公知资料番号",指
定形式为"资料区分 + 和暦年 + 通番 + 枝番";若是选择"登陆番号（US
公报）",指定形式为半角状态 6 个以内的数字,点击"番号照会"执行命令
（如图附 B–8 所示）。

图附 B–8　日本意匠公知资料检索界面

七、意匠公知資料テキスト検索

外观设计公知资料检索的基本框架和上述第四项外观设计公报文本检索的
框架基本相同,只是类别选择中不同,公知资料的类别分为一般的公开发行刊
物、美国外观设计专利公报以及韩国的外观设计专利公报（如图附 B–9 所示）。

图附 B–9　意匠公知資料テキスト検索

八、日本意匠分类

检索入口中罗列了日本历年来的各版本的分类表以及对照表，日本历年分类表包括：平成 28 年 4 月 1 日施行版（2015 年）、平成 19 年 4 月 1 日施行版、平成 17 年 1 月 1 日施行版以及昭和 58 年施行版，另外，附有 2015 年版本修改的内容，以及平成 17 年 1 月 1 日和昭和 58 年两个版本的对照表等。

九、国際意匠分類（ロカルノ分類）

国际外观设计分类号主要涉及国际外观设计分类表（洛迦诺分类表第 9 版）与日本外观设计分类表的双向对照表，以及洛迦诺第 8 版、第 6 版和日本外观设计分类表的对照表。

其他国家方面，涉及韩国外观设计分类表、美国外观设计分类表分别与日本外观设计分类表的双向对照表。

附录 C 韩国外观设计专利检索系统

一、简介

韩国工业产权信息服务中心（Korea Intellectual Property Rights Information Service，KIPRIS）成立于1996年7月，是自负盈亏的专利信息服务机构。2008年7月引入了"韩—英"双语检索系统，用户可以使用英文页面进行韩国外观设计检索（英文主页网址为 http：//eng. kipris. or. kr，如图附 C-1 所示）。

图附 C-1 韩国工业产权信息中心主页

二、检索入口

点击主页上方的 Design 进入外观设计检索界面，图附 C - 2 为默认的 Smart Search 检索模式截图。

图附 C - 2　Smart Search 专利检索界面（英文）

该模式的检索入口只有一个，在网页上端。可以输入各种关键字来执行搜索，如"发明标题""申请人姓名""申请号"等。输入口下方为搜索历史记录，可以找回以前的搜索结果进行再次搜索。图附 C - 3 为检索输入口放大图。

图附 C - 3　Smart Search 专利检索入口

除了以上 Smart Search 模式，可以继续点击入口下方"Click here! for advanced search"进入高级检索模式（如图附 C - 4 所示）。

图附 C-4　高级检索模式

高级检索模式下的检索入口包含如下内容。

Indication of Product（IT）:产品名称。

Full Text：全文。

Design Code（DC）:外观设计分类号。

Application Number（AN）:申请号。

Registration Number（RN）:注册号。

Priority No.（PRN）:优先权号。

Publication Number（PN）:公开号,

Open Publication No.（ON）:公布号。

Application Date（AD）:申请日。

Publication Date（PD）:公开日。

Priority Date（PRD）:优先权日。

Open Pub. Date（OD）:公布日。

Registration Date（RD）:注册日。

Applicant（AP）:申请人代码。

Inventor（IV）:发明人姓名。

Agent（AG）:代理人姓名/地址。

Patentee（RG）:专利权人姓名/地址。

下面介绍常用入口的具体用法。

（1）Indication of Product（IT）。可以在此入口录入产品的名称。该入口可以使用逻辑运算符号。

（2）Design Code（DC）。在此入口必须输入韩国外观设计分类号。输入分类号时可以使用逻辑运算符号或使用通配符"？"，如"H545？"、"H545？+ F2741"。

（3）申请号、注册号、公开号、公布号、优先权号等号码的输入标准格式为 30 - YYYY - nnnnnnn。录入时可采用如下格式：30 - 2014 - 0001234、30 - 2014 - 000123？、2014 - 0001234、30 - ？ - 0001234、？ - ？ - 0001234。

（4）申请日、注册日、公开日、公布日、优先权日等日期的输入标准格式为 yyyy - mm - dd，录入时可直接输入 yyyymmdd，或者 yyyymm、yyyy。

三、检索入口输入规则

可以输入运算符号（＊，＋,!）或（""）。AND（＊）为"和"，"A＊B"意思为同时包含 A 和 B。OR（＋）为"或"，"A＋B"意思为含有 A 或者 B 之一即被提取。NOT（!）表示排除，"A! B"意思为包含 A 但是不包含 B。Phrase search（""）为指定词语搜索。

四、检索方式

网站的检索方式分为两种，一种是 Smart Search（智能检索），另一种是 Advanced Search（高级检索）。默认为 Smart Search，适用于模糊的、简单的、快速的检索；高级检索模式提供更丰富、更准确的检索入口，可以进行复杂、准确的检索，如分类、各种日期、发明人等，这些已经在检索入口部分进行了详细地介绍，在此不再赘述。

五、检索结果

检索结果可以以图文显示（代表图＋著录项目信息，如图附 C - 5 所示）、纯文本显示（如图附 C - 6 所示）、代表图显示（如图附 C - 7 所示）、全图像显示（如图附 C - 8 所示）四种方式显示。

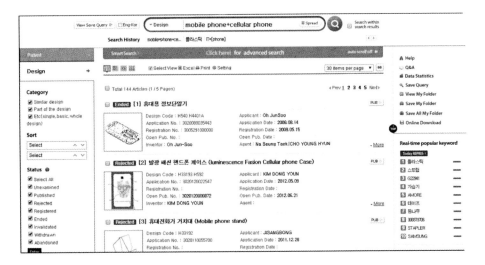

图附 C-5　图文显示

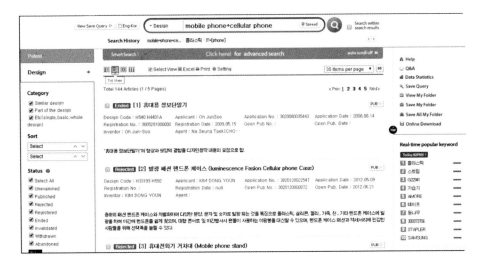

图附 C-6　纯文本显示

图附 C-7 代表图显示

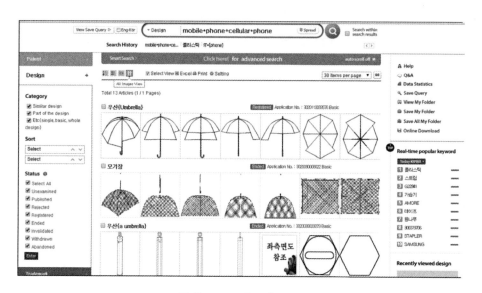

图附 C-8 全图像显示

附录 D EUIPO 外观设计专利检索系统

一、简介

EUIPO 外观设计检索系统的网址为 https：//www. tmdn. org/tmdsview – web/welcome。检索界面如图附 D – 1 所示。

图附 D – 1 EUIPO 外观设计检索界面

二、收录范围

EUIPO 自 2003 年 1 月 1 日起开始受理共同体外观设计注册申请，2003 年 4 月 1 日起，将第一批予以注册的共同体外观设计申请公布于众。

《共同体外观设计公报》（Community Designs Bulletin）于 2003 年 4 月 1 日 创刊，每两周出版一期，每期公报为 1 ~ 5 册不等。《共同体外观设计公报》 仅以电子形式公布，是一种用欧盟所有官方语言公布的多语种电子版公报。

三、检索方式

（一）简易检索

简易检索只有一个检索入口，支持多种类型的文本内容。

（二）高级检索

高级检索包含多个检索入口，如图附 D-2 所示。

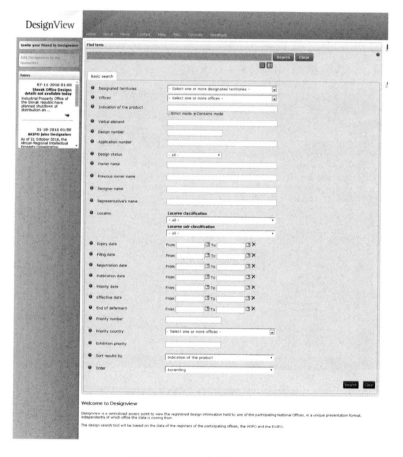

图附 D-2　高级检索界面

高级检索入口包含：申请人、代理人或设计人的名称或地址；国家名称；申请号或注册号；申请日；登记簿的登记日或公布日；洛迦诺分类；产品名称等。

四、检索入口输入规则

（一）布尔运算使用规则

（1）逻辑与（AND）。通过 AND 运算组合关键词进行检索，可以缩小检索范围，同时使检索更加精确。AND 运算将找到与所有询问关键词相匹配的专利。只要有 1 个或者更多的关键词没有在特定的专利出现，相应的文献将不会再检索结果列表中出现。

（2）逻辑或（OR）。通过 OR 运算和组合近义词或者相关的关键词可以增加检索到与目标专利的概率。例如，在标题或者摘要栏输入 car or automobile or vehicle，OR 运算将会找到至少一个所询问的条件的专利。

（二）通配符

EUIPO 外观设计公报高级检索系统提供了通配符"＊"，下面是它的两点使用规则。

（1）"＊"可以代表多个字符，如使用"sho＊"进行检索将会得到"shoe""shorts"等检索结果。

（2）在"＊"前面没有字符数限制，但是要根据索要检索的对象确定通配符前面的字符数，以提高检索的准确率。

五、检索结果

（一）排序方式

按号排列。

（二）显示

结果显示界面有 htm 图标，用户只需点击图标，就可以查看专利公报全文。不提供检索结果智能分析，且没有检索历史。

（三）每页显示量

每页显示 10 项，不可自定义。

（四）输出形式

逐条打开。

（五）列表项目

序号、图片、产品名称、申请号、申请人等信息。

检索结果可以用 Excel 表格导出、可以打印、也可以邮件。

（六）示例

检索洛迦诺分类号为 0601 类的产品，结果如图附 D－3 所示。

图附 **D－3**　示例的检索结果

附录 E WIPO 外观设计专利检索系统

一、简介

WIPO 是联合国的一个专门机构，致力于发展兼顾各方利益，使用国际知识产权制度奖励创造，促进创新，在为经济发展作出贡献的同时维护公共利益。WIPO 根据 1967 年《WIPO 公约》建立。成员国赋予它的任务是，通过国家之间的合作并与其他国际组织配合，促进世界范围内的知识产权保护。

二、收录范围

受《海牙协定》管辖的国际外观设计体系由 WIPO 管理，2003 年依据《海牙协定》申请工业品外观设计保护的总件数为 13512 件。自海牙体系于 1928 年起开始运作以来，到 2004 年国际外观设计注册簿中共保存了约 2000000 件外观设计。

符合规定格式要求的国际申请被记录在国际局（WIPO），除要求延期外，均在国际外观设计公报中公布，同时登载在 WIPO 的网站上，每月公告一次，内容包括所有国际注册数据及工业品外观设计副本。国际注册用英语和法语出版，原文在前，译文在后，用斜体字表示。

三、检索界面

进行外观设计的检索要进入 WIPO 网站的海牙专属数据库（Hague Express Database）所在网页，该数据库对公众免费开放使用。该数据库每周更新一次，其中含有第 1/1999 期《国际外观设计公报》以来在国际注册簿中登记和公布的国际注册著录项目数据，对于专属或部分属《海牙协定》1999 年文本和/或 1960 年文本的国际注册，还包括工业品外观设计的复制件。已过期的国际注册不从数据库中删除。

登录网址为 http：//www.wipo.int/designdb/hague/en/（如图附 E-1 所示）。

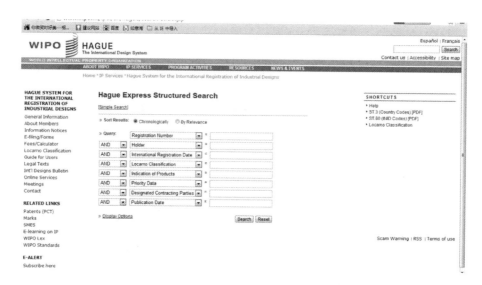

图附 E-1 Hague Express Database 检索界面

社会公众除了可以点击上述网址直接进入外，也可在 WIPO 主页中依次点击相应条目逐级进入：首先将鼠标放在主页的"About IP"上，点击左侧显示的"Industrial Designs"，将网页下拉，点击进入"Hague Express Database"，然后再点击页面中"Access the Hague Express database"即可进入海牙专属数据库。默认为 Hague Express Structured Search（结构化检索）的检索界面（如图附 E-2 所示）。

图附 E－2　通过 WIPO 主页进入检索界面

WIPO
WORLD INTELLECTUAL PROPERTY ORGANIZATION

IP Services　Policy　Cooperation　Reference　About IP　Inside WIPO

Search WIPO

Home › IP Services › Hague System › Hague Express

Hague Express Database

The Hague Express Database updated weekly, includes bibliographical data and, as far as international registrations governed exclusively or partly by the 1999 and/or by the 1960 Act(s) of the Hague Agreement are concerned, reproductions of industrial designs relating to international registrations that have been recorded in the International Register and published in the International Designs Bulletin as of issue No. 1/1999. International registrations that have lapsed are not removed from the database.

- Data dissemination service
- International Designs Bulletin

While every effort is made to ensure that this information accurately reflects the data recorded in the International Register, the only official publication remains the Bulletin and the only official statements by the International Bureau regarding the contents of the International Register for a given international registration are certified extracts from the Register established on request by the International Bureau.

Access the Hague Express database

WIPO ≋ **HAGUE**
The International Design System
WORLD INTELLECTUAL PROPERTY ORGANIZATION

ABOUT WIPO　　IP SERVICES　　PROGRAM ACTIVITIES　　RESOURCES　　NEWS & EVENTS

Home › IP Services › Hague System for the International Registration of Industrial Designs

HAGUE SYSTEM FOR THE INTERNATIONAL REGISTRATION OF INDUSTRIAL DESIGNS

General Information
About Members
Information Notices
E-filing/Forms
Fees/Calculator
Locarno Classification
Guide for Users
Legal Texts
Int'l Designs Bulletin
Online Services
Meetings
Contact

RELATED LINKS

Patents (PCT)
Marks
SMES
E-learning on IP

Hague Express Structured Search

[Simple Search]

» Sort Results:　◉ Chronologically　　○ By Relevance

» Query:

	Registration Number	=	
AND	Holder	=	
AND	International Registration Date	=	
AND	Locarno Classification	=	
AND	Indication of Products	=	
AND	Priority Data	=	
AND	Designated Contracting Parties	=	
AND	Publication Date	=	

» Display Options

[Search] [Reset]

图附 E-2　通过 WIPO 主页进入检索界面（续）

四、检索方式

海牙专属数据库的国际工业品外观设计检索方式共有"Hague Express Structured Search"(结构化检索)和"Hague Express Simple Search"(简单检索)两种。两种检索方式各自独立使用,在检索过程中可以相互转换,分述如下。

(一) Hague Express Structured Search

该界面设置结果排序区(Sort Results)、查询区(Query)、显示区(Display Option)三个区域。

例如,洛迦诺分类号为0601,产品名称含有 sofa 的外观设计,检索界面如图附 E-3 所示。

图附 E-3 结构化检索界面

(二) Hague Express Simple Search

在结构化检索界面点击"Simple Search",即切换到简单检索界面(如图附 E-4 所示)。

图附 E-4　简单检索界面

简单检索方式旨在简化检索。输入的检索词在所有字段中检索，但不能指定检索字段。在"Search for"后的检索词输入框中，可输入一个或多个检索词，不区分大小写。当输入多个检索词时，应使用空格将检索词分开。多个检索词之间的逻辑关系及位置关系，通过选择"Results must contain："下拉菜单中的选项进行指定。选择"All of these words"项，则代表命中的检索结果文献中必须包含所有输入的检索词；选择"Any of these words"项，则代表命中的检索结果文献中至少包含一个输入的检索词；选择"This exact phrase"项，则代表命中的检索结果文献中包含该检索词组。

五、输入规则

（一）注册号（Registration Number）

注册号在国际工业品外观设计文献中的表达方式是 DM/NNNNN，如 DM/58743，但检索时只能输入数字部分。

（二）持有人（Holder）

可输入持有人的全部或部分，也可用通配符"＊"来实行模糊检索。申请人可实行组合检索。

（三）国际注册日（International Registration Date）及公告日（Publication Date）

以 2016 年 10 月 9 日为例，20161009、2016/10/09、09/10/2016、2016 - 10 - 09、09 - 10 - 2016、2016. 10. 09、09. 10. 2016，这些格式均可输入。

（四）洛迦诺分类号（Locarno Classification）

国际外观设计分类由大类和小类组成，可输入 06 - 01 或 0601。检索条件可以输入 1~4 位数字。当输入一位数字，代表以该数字为大类号的首数字作为检索条件；仅输入两位数字，则代表以该数字为大类号作为检索条件；输入三位数，则表示以前两位数字为大类号、第三位数字为小类号的首数字作为检索条件。

（五）产品名称（Indication of Products）

外观设计产品名称检索是针对名称中的主题词进行的检索，包括单主题词、多主题词和主题词组检索。外观设计名称键入字符数不限，无须区分大小写字母。外观设计名称可实行"＊"通配符模糊检索，模糊检索时应尽量选用关键字，以免检索出过多无关文献。

（六）优先权信息（Priority Data）

在国际工业品外观设计数据库中，优先权数据包括优先权日期、优先权号和优先权国家，如 08.02.2015，No 150952，GB（DM/047905 的国际优先权）。

在检索优先权日期时，请按"日、月、年"的格式进行输入，同时在日、月、年之间用小数点隔开，如 08.02.2015；在检索优先权号和优先权国家时，先输入优先权号，再输入优先权国家代码，优先权号和优先权国家中间空格断开，如 150952 GB。

（七）指定国（Designated Contracting Parties）

指定国数据为两个字母构成的国家代码，如 FR（法国）、GB（英国）。

（八）系统中使用的逻辑运算符

设在检索式输入窗口之间的逻辑组配选项下拉菜单中有五种逻辑运算符："OR""AND""ANDNOT""XOR""NEAR"。

六、检索结果显示

在海牙专属数据库中，无论以何种检索方式检索，得到的检索结果显示格式是相同的。发出检索指令，待检索系统执行检索后，在一个新浏览器窗口中显示检索结果列表（如图附 E-5 所示）。

NewTerm: 0601 NewTerm: sofa
[Search Summary]
Results of searching in HAGUE for:
LC/0601 AND DE/sofa: 199 records
Showing records 1 to 25 of 199 :

| Next 25 records | | Start At | |

| Refine Search | LC/0601 AND DE/sofa |

No.	Title
1.	(DM/83045) 1. **Sofa** / *1. Canapé* / *1. Sofá*
2.	(DM/83029) 1. **Sofa** / *1. Canapé* / *1. Sofá*
3.	(DM/82661) 1. Chair; 2. **Sofa**; 3. Lounge chair; 4. **Sofa**; 5. Lounge chair; 6. Corner **sofa**; 7. **Sofa**; 8. Lounge chair; 9.Corner **sofa**; 10. Lounge chair; 11. Corner **sofa**; 12. -14. Cabinets; 15. Sideboard; 16. Dining table; 17. Coffee table; 18. TV cabinet; 19. -20. Cabinets; 21. -23. Chairs; 24. -26. cabinets; 27. -28. Sideboards; 29. -30. TV cabinets; 31. Dining table; 32. Corner table; 33. Coffee table / *1. Chaise; 2. Canapé; 3. Fauteuil; 4. Canapé; 5. Fauteuil; 6. Canapé d'angle; 7. Canapé; 8. Fauteuil; 9. Canapé d'angle; 10. Fauteuil; 11. Canapé d'angle; 12. -14. Meubles de rangement; 15. Buffet; 16. Table de salle à manger; 17. Table basse; 18. Meuble de télévision; 19. -20. Meubles de rangement; 21. -23. Chaises; 24. -26. Meubles de rangement; 27. -28. Buffets; 29. -30. Meubles de télévision; 31. Table de salle à manger; 32. Table d'angle; 33. Table basse* / *1. Silla; 2. Sofá; 3. Diván; 4. Sofá; 5. Diván; 6. Sofá angular; 7. Sofá; 8. Diván; 9. Sofá angular; 10. Diván; 11. Sofá angular; 12. -14. Armarios; 15. Aparador; 16. Mesa de comedor; 17. Mesa de centro; 18. Mueble para televisor; 19. -20. Armarios; 21. -23. Sillas; 24. -26. armarios; 27. -28. Aparadores; 29. -30. Muebles para televisor; 31. Mesa de comedor; 32. Mesa esquinera; 33. Mesa baja*
4.	(DM/82596) 1. **Sofa**; 2. Ottoman; 3.-4. Tables; 5.-6. Sofas; 7. Bedside table / *1. Canapé; 2. Pouf; 3. -4. Tables; 5. -6. Canapés; 7. Table de chevet* / *1. Sofá; 2. Puf; 3. -4. Mesas; 5. -6. Sofás; 7. Mesita de noche*

图附 E - 5 检索结果显示界面

在检索结果列表中，点击 Search Summary 链接，直接跳转到网页底部可以查看检索统计信息，包括每个输入的检索词在多少篇文献中出现了多少次、逻辑运算符使用的统计信息、检索所用时间等，这些信息方便使用者优化检索策略（如图附 E - 6 所示）。

Enregistrements internationaux /
International Registrations /
Registros internacionales

(11) DM/083045 (15) 22.12.2013 (18) 22.12.2018
(22) 22.12.2013 (73) MEYSAN SUNGER VE MOBILYA MALZEMELERI TEKSTIL SANAYI
TICARET LIMITED SIRKETI, Organize Sanayi Bolgesi 4. Cadde No:22 Inegol, Bursa (TR) (86)
(87)(88) TR (89) TR (74) NOMINAL PATENT MARKA VE DANISMANLIK HIZMETLERI LIMITED
SIRKETI Kukurtlu Mah., E.Abdul Kadir Cad., Emel Hanim Apt. No:25/3, Osmangazi/BURSA
(TR) (72) Ali OZDEMIR, ORGANIZE SANAYI BOLGESI 4. CD. NO:22 INEGOL , BURSA,
Turkey (28) 1 (51) Cl. 06-01 (54) 1. Sofa / 1. Canapé / 1. Sofá (81) III. EM (45) 21.03.2014

1.1

图附 E-6　国际外观设计全文显示页面示例

页面左上角布置有控制按钮，◀　▶ 分别表示查看上一条或是下一条命中记录的详细信息，▲ 表示返回检索结果列表的页面。右上角显示当前条数和总条数的信息。

附录 F 座椅领域对应其他各国分类号

大类	产品领域	所包含产品范围	分类号	检索分类号	检索关键词	日本分类号	美国分类号	韩国分类号
06	座椅	按摩椅 吧台椅 餐椅 户外座椅 折叠椅 转椅	0601	0601； 0602； 0606	椅、座、坐、凳	D722； D214； D724； D7250； D2150； D21532； D7252； D7290； D7292； G24942； D7139； D7200； D7201； D7202； D7203 D7204； D721； D723； D7251； D7253； D7254 D7291； D7295； D7297	D06366； D06372； D06339； D06502； D06500； 0D6370； D06373； D06380； D06360； D06365； D06367； 0D6375； 0D6364； D06379； D06381	D210； D213； D214AA； D215； D219； D220； D2210； D2211； D2219； G24942； J716； J722； D213AA； D2190； D2192； D2194； D2152； D222； D223； J716C； C120； D214K； D214H； D21530

附录 G　座椅领域各国细分类特点

一、日本

分类号	日本分类名称	产品名称	特点	代表视图
C1200	座布団及びクッション	クッション	放在椅子上的坐的部分	
D0200	はしご，脚立，踏み台等	踏み台	小踏台、凳 Ladders，step‑ladders，footstools，etc.	
D7‑22	一人掛けいす	椅子、いす、ベンチ	办公椅、休闲椅	
D7‑24	複数掛けいす	ソファ，劇場用いす，ベンチ	沙发类、广场类椅子	
D2‑14	いす	いす	能固定的椅子	

分类号	日本分类名称	产品名称	特点	代表视图
D7－250	特殊用途腰掛け及び特殊用途いす	生体情報計測用椅子，電動昇降座いす	特殊功能用椅	
D2－150	いす	シャワー用椅子，身体障害者用シート，起立介助椅子，介護用椅子	残疾人用椅，轮椅、升降椅	
D2－1532	乗物用座席	自動車用シート	汽车内的椅子	
D7－252	理美容いす・腰掛け，医療用いす・腰掛け	歯科用椅子，理美容用施術台	牙科、美容用椅	
D7－290	腰掛け，いす等部品及び付属品	オフィス用いすの枠	椅子的部件	
D7－292	腰掛け用座及びいす用座	いす用座	椅子的座	

分类号	日本分类名称	产品名称	特点	代表视图
G2 – 4942	自転車用小児補助席	自行车用的小孩座椅		 斜視図(使用状態参考図)
D7139	搬送機付きカウンターテーブル部品及び付属品	飲食物搬送用具	Counter table with conveyor parts and accessories	
D7200	腰掛け，いす等	背もたれ	腰靠	
D7201	座いす	座椅子	没有支撑腿的椅座	
D7202	正座用いす・腰掛け	正座用いす	蹲着坐的小椅子	

分类号	日本分类名称	产品名称	特点	代表视图
D7203	柵・囲い兼用型腰掛け	手摺	见产品名称	
D7204	一組のいすセット	いす	组合椅子中的一组	
D721	一人掛け腰掛け，足載せ台	スツール	凳子类	
D723	複数掛け腰掛け	椅子	椅子、凳子	
D7251	子供用いす等	ベビーチェア	幼儿用椅	
D7253	乗物用腰掛け，乗物用いす等	乗物用座席	乗务用椅	

分类号	日本分类名称	产品名称	特点	代表视图
D7254	浴室用腰掛け，浴室用いす	浴室用椅子	浴室用的凳子、椅子	
D7291	いす用背もたれ及びいす用ヘッドレスト	椅子用背もたれ	椅子靠背	
D7295	腰掛けカバー，いすカバー及びいす用背座当て等	告知標示具付き椅子カバー	靠背	
D7297	腰掛け用台及びいす用台	乗物用テーブル	椅子背后的小台子	
D7301	ベビーベッド，揺りかご	ベビーベッド	Baby bed, cradles	
J7160	あんま器等	マッサージ機	特殊用途椅子	
J7210	医療用診察台	医療用診察台	特殊用途椅子	

二、韩国

韩国细分类号	产品名称	特点	代表视图
D210	침대소파	长椅	
D213	의자、발 받침대	凳子类	
D214	벤치、의자	各种创意椅子	
D220	기저귀 교환대	Basket cots、 Beds、 Benches [furniture]	
D2210	절첩식 마사지 침대	床类的比较多, 床椅	
D2211	이층침대、이층침대	床类、 Bunk beds	

韩国细分类号	产品名称	特点	代表视图
G2 – 4942	자전거용 보조시트	Children's seats, for fixing on cycles or motorcycles	
J7 – 16C	벨트마사지기	Couches for massage、按摩椅	
D223	이불이 부착된 요람	Cradles 摇篮	
D222	해먹	Hammocks	
D2152	치과용 의자	Dentists' armchairs	
D21530	철도차량용 의자	Seats for means of transport [except saddles]	

韩国细分类号	产品名称	特点	代表视图
D2194	의자용 팔걸이	扶手、 Elbow rests for vehicle seats	
D2192	의자용 등받이	靠背、 Back supports for vehicle seats	
D2190	자동차용	椅子附件、 Headrests for seats	
D213AA	조립식 간이의자	凳子、 Fold－down seats、 Folding seats	
D213A	보조의자	凳子	
D2－14AA	의자	Armchairs	

韩国细分类号	产品名称	特点	代表视图
C120	자동차시트용 허리쿠션	Pouffs［seats］	
D214K	흔들의자	Rocking – chairs	
D214H	의자	Tip – up seats	

三、美国

分类号	产品名称	特点	代表视图
D06366	Bench，Chair， Chair frame	办公用椅子比较多	
D06372	Outdoor chair，Chair	办公用椅子比较多，休闲椅	

分类号	产品名称	特点	代表视图
D06339	Highchair	宝宝餐椅、高空作业椅子	
D06502	Chair back、seat	椅子靠背比较多	
D06500	Seat and back rest for a chair, Armchair	靠背坐垫均有的椅子部分, 或扶手椅	
D06373	Chair	椅子腿为封闭状态	
D06380	Chair	带有四条腿的椅子	

分类号	产品名称	特点	代表视图
D06360	Stool，Bar chair	高挑的，凳子，酒吧椅	
D06365	Arm chair	支撑盘底为圆盘结构的低座的椅	
D06367	Massage chair	按摩椅	
D06375	Chair	四条腿的简约时尚椅	
D06364	Seating、chair	分的比较杂，没规律	
D06379	Chair	欧式、设计花哨的四条腿的椅子	

分类号	产品名称	特点	代表视图
D06381	Sofa	沙发	
D06361	Lounge – chair	躺椅	
D06369	Rattan chair	编椅	
D06374	Chair	简约时尚椅子	
D06376	Chair	简约时尚椅子	
D06368	Pop up chair	户外椅子、马扎等可折叠的椅子	

附录 H 座椅领域的设计风格[1]

家具是人类文化最重要的信息载体之一，家具中的椅子更是其中最重要的组成部分。中国与以西欧为代表的西方由于地理位置、民族特征以及文化背景的不同，各自创造了不同特色的椅子文化。

设计风格	代表产品
古埃及	
古希腊	
古罗马	

---

[1] 郑璐. 椅子设计风格的演变［EB/OL］. 百度文库，www. wenku. baidu. com/view/dl3f5ece0c225901020 29d48. html？from＝search.

设计风格	代表产品
哥特式风格	
巴洛克、洛可可风格	
中国明式椅	
清代椅	
工艺美术运动时期	

设计风格	代表产品
新艺术 运动时期	
风格派	
包豪斯	
装饰艺术运动	
现代主义风格	

设计风格	代表产品
波普风格	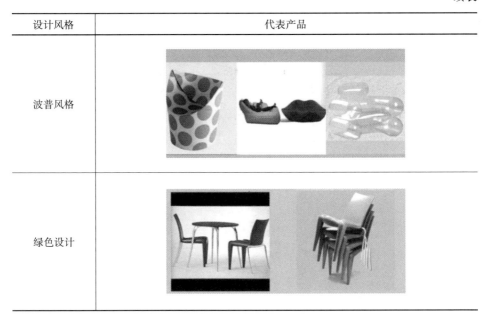
绿色设计	

（1）古埃及的椅子都有兽形腿，并且方向一致，已经有了斜撑的形状，表明古埃及的设计师已经开始注意上了家具的舒适性。古埃及的椅子给后世椅子的发展奠定了坚实的基础。

（2）古希腊家具中最杰出的代表是一种称为克里斯姆斯的靠椅。靠椅线条极其优美，从力学角度上来说是很科学的，从舒适角度上来讲也是很优秀的，它与早期的古希腊家具及古埃及家具那种僵直的线条形成强烈的对比。在任何地方只要有一件受希腊风格影响的家具存在，则它一定是这种优美线条的再现。古希腊家具上也有兽腿型的装饰，但他们放弃了古埃及人那种四足一致的做法，而改变成四足均向外或均向内的样式。

（3）古罗马家具是在古希腊家具文化艺术基础上发展而来的。受到罗马建筑造型的直接影响，古罗马家具的造型凝重，采用战马、雄狮和胜利花环等做装饰与雕塑题材，构成了古罗马家具的男性艺术风格。古罗马家具的铸造工艺已经达到了使人惊叹的地步，青铜家具大量涌入，在许多家具的弯腿部分的背面都被铸成空心的，这不但减轻了家具的重量而且增加了强度。

（4）哥特式风格的椅子。欧洲中世纪的家具一方面粗制滥造，另一方面由于不必在装饰细节上下工夫，制造者们一般都擅长结构的逻辑性、经济性和创造性。而这些正是后来包豪斯家居设计师所追求的东西。马丁王银座是典型的哥特式风格椅子，高耸造型尖塔引向缥缈的天空，使人们幻想于来世，充满了神秘的宗教色彩，对后世造成了重大影响。

（5）巴洛克以及洛可可风格的椅子。文艺复兴时期反对刻板的风格，追求具有人情味的曲线和优美的起伏层次，体现了文艺复兴追求思想解放的人文思潮。文艺复兴后的 18 世纪，中国清式风格对西方也有所影响，华贵奢华显示无疑，也显示了洛可可和巴洛克风格的过度修饰诟病。

（6）中国明式椅。明式椅盛于浙江，崇尚使用质朴的原木、花梨、红木、楠木等，疏朗而活泼。在中国哲学背景下，原木的椅子与人与自然环境融为一体，互为平衡。作为椅子，明式椅在现代人的生活空间里更具有艺术品位。

（7）清代椅。清代家具布置大致采用成组的对称方式，而以临窗迎门的桌案和前后檐炕为布局中心，配以成组的几种椅，有一几二椅、二几四椅等，充分展示了清代家具与建筑、室内装饰的有机结合。

（8）工艺美术运动时期。"苏赛克斯"椅是莫里斯自行设计的产品并组织生产。莫里斯是 19 世纪后半叶出现于英国的众多工艺美术设计行会的发端，该椅子的造型体现了他"师承自然"的主张。沃赛在平面设计中偏爱卷草线条的自然图案，他的家具设计多选用典型的工艺美术运动材料——英国橡木。他的作品造型简练，结实大方并带有哥特式意味，不但继承了拉斯金、莫里斯提倡的技艺结合的思想，并使之更简洁大方，成为工艺美术设计运动的范例。

（9）新艺术运动时期。新艺术运动主张运用高度程序化的自然元素，使用其作为创作灵感和扩充"自然"元素的资源，如海藻、草、昆虫。相应地，其开始广泛使用有机形式、曲线，特别是花卉或植物等。自此以后，从来自世界各地的艺术家作品中，都能发现其中某些线条和曲线图案成为绘画中的惯用手段。

（10）风格派。红蓝椅子的设计者——里特维尔德是现代设计运动中大师级的人物，也是实践派的典型代表。里特维尔德一生中创造出诸多具有革命性的设计作品。里特维尔德也是风格派的第一批成员，因此其作品更多的是表现了风格派的思想和理念，这与其本人受蒙德里安等前卫艺术家的影响是分不开的。

（11）包豪斯时期。包豪斯在理论上的建树对于现代主义的贡献是巨大的。提倡自由，将手工艺与机械生产结合起来，在三款椅子上充分体现，包豪斯的成就实际上是现代设计的集大成。

（12）装饰艺术运动。装饰艺术运动的作品喜欢用直线和对称的抽象构图，极富光泽的材料，具有强烈色彩效果的颜色，还采用了机械生产方式，运用了钢筋混凝土、合成树脂、强化玻璃等新材料。这种既有现代设计特征，又有装饰趣味的高雅艺术运动，反映出艺术家在工业化生产发展进程中对装饰艺术留恋的矛盾折中心理。

（13）现代主义风格。沙里宁的家具设计常常体现出有机的自由形态，而不是刻板冰冷的几何形态，这标志着现代主义的发展已经突破了正统的包豪斯风格而开始走向软化。他最著名的胎椅和郁金香椅都是有机设计的典范。

（14）波普风格。波普是一场广泛的艺术运动，力图表现自我，追求表现标新立异的心理。它追求大众化的、通俗的趣味，反对现代主义的自命不凡。在设计中强调新奇独特，并大胆采用艳俗的色彩。这些产品专注于形式的表现和纯粹的表面装饰，功能、合理等现代主义的观念被冷落了。

（15）绿色设计。现代主义家具设计异常简洁，基本上将造型简化到了最单纯但有十分典雅的形态，从视觉上和材料上体现了"少就是多"原则，体现了设计是道德与责任心的回归。斯塔克设计的路易二十椅及圆桌椅子的前腿、座椅及靠椅由塑料一体化成形，是绿色设计的典范设计。

附录 I 照明灯具领域对应其他各国分类号

大类	产品领域	所包含产品范围	分类号	检索分类号	检索关键词	日本分类号	美国分类号	韩国分类号
26	照明设备	灯	2605	2605；2606	灯、照明、台灯、吊灯、顶灯、天花板、水晶灯、台灯、桌灯、墙壁灯、灯罩、壳、小夜灯	C7－142；D3－2200；D3－300；D3－301；D3－302；D3－303；D3－3100；D3－3101；D3－3102；D3－3200；D3－3210；D3－3300；D3－3320；D3－4190；D3－4290；D3－6200；D3－6500；D3－651；D3－900；D3－911；D3－93；D3－94；D3－950；D3－952；D3－953；G2－29300；G2－39791；G2－49791；G2－9000；G2－9010；G2－902；G2－9030；G2－9039；G2－904；G2－905；G2－906；G2－907；H1－5300；H1－539；H1－5400；H1－549；H1－700；H1－701；H1－75；H1－759	D26083；D26084；D26088；D26089；D26068；D26093；D26072；D26128；D26139	C7142；D310；D31190；D31191；D311920；D3129；D3229；D330；D3310；D3311；D3311＊；D3312；D3312＊；D3313；D3313＊；D3314；D3314＊；D3314A；D3314B；D3315；D3315A；D3315AA；D3315B；D3315C；D3315D；D3316；D3316A；D3316AA；D3316B；D3316C；D3317；D3317A；D3317B；D3318；D3320；D3321；D3321＊；D3322；D3322K；D3323；D33290；D33291；D3330；D3331；D3332；D3332＊；D33390；D33391；D334；D3390；D33910；D33911；D3392；D3392＊；D34190；D34290；D3439；D3519；D3529；D361；D3620；D3620＊；D3621；D364；D3650；D3651；D3652；D37191；D380；D3810；D3811；D3812；D3819；D382；D390；D3910；D3911；D3912；D3913；D3914；D3920；D3921；D3922；D3923；J334；J755；J761；N00

附录 J 照明灯具领域各国细分类特点

一、日本

分类号	产品名称	特点	代表视图
C7－142	葬祭用照明器具	丧葬墓灯	
D3－300	屋内用照明器具	室内照明	
D3－301	家具組込み用照明器具等	附着在家具上的照明	
D3－302	取付け式投光照明器具	可以选定照射方向的射灯	

分类号	产品名称	特点	代表视图
D3 – 3100； D3 – 3101； D3 – 3102	天井灯；天井つり下げ等；一組の天井灯セット	吊灯； 相对简约的吊灯； 嵌入式吊灯	
D3 – 3200； D3 – 3210	壁灯；壁じか付け灯	壁灯；浴室照明等	
D3 – 3300； D3 – 3320	電気スタンド等	小电器照明，台灯等	

分类号	产品名称	特点	代表视图
D3 - 4190； D3 - 4290	街路灯等部品及び付属品；庭園灯部品	路灯、庭院灯	
D3 - 6200	特殊用途投光器；	特殊用途投光灯	
D3 - 6500； D3 - 651	衛生用照明器具；医療用照明器具	卫生、医疗、驱蚊灯	
D3 - 900； D3 - 911； D3 - 93； D3 - 94	発光具及び照明器具部品及び付属品；照明器具用反射笠；照明用拡散透光板等；照明設備具	灯具配件、装饰件、灯反射槽、透光板、透光格栅	

分类号	产品名称	特点	代表视图
D3－950； D3－952； D3－953	照明器具用支持具等；壁灯用支持具；電気スタンド用支持具，投光器用支持具	灯具支撑、壁灯支架、灯具支撑物	
G2－29300； G2－39791； G2－49791	自動車用運転操作関係部品及び付属品；自動二輪車照明器具用レンズ；自転車照明用レンズ	车用配件、自行车照明，专利案件极少	
G2－9000； G2－9010； G2－902； G2－9030； G2－9039； G2－904； G2－905； G2－906； G2－907	車両部品及び付属品；車両用バックミラー；車両用マフラー；	车辆反光镜部件、反光镜、车辆部件；自行车反光灯	G2－9000　　　G2－9010 G2－905 其余细分类号中未检索到灯具

分类号	产品名称	特点	代表视图
H1－5300； H1－539； H1－5400； H1－549	配線用開閉器；配線用開閉器部品及び付属品；制御用操作スイッチ	开关、开关附属品等	H1-5300 H1-5400 H1-549
H1－700； H1－701； H1－75； H1－759	発光ダイオード及び電球等；装飾用発光ダイオード及び電球等	球状光源、装饰性球状光源、球状光源的部件等	H1-700 H1-701 H1-75 H1-759

二、韩国

分类号	产品名称	特点	代表视图
C7142	葬祭用照明器具	祭祀、超度类照明	
D310	電燈, 電氣 램프用의 電球	球形灯	
D31190; D31191; D311920; D3129; D3229	電燈用필라멘트; 電球커버等; 電球用유리; 오일램프 部品 및 附屬品	灯丝、球形灯 灯罩、附件等	
D330	照明器具用 삿갓	灯罩, 简约灯罩	

续表

分类号	产品名称	特点	代表视图
D3310	照明器具 삿갓、천정 燈	壁灯、比较简洁的吊灯、灯罩	
D3311	샹들리에	变化的、简化的、非传统的吊灯	
D3312； D3313	천정 燈	天花板灯、吸顶灯	

分类号	产品名称	特点	代表视图
D3314； D3314A； D3314B	천정 埋入燈；벽등	埋入天花板的灯；与墙体嵌入的灯具	D3314 D3314A(圆形) D3314B(圆形)
D3315； D3315A； D3315AA； D3315B； D3315C； D3315D	벽등	吊灯	D3315A(灯头朝上) D3315AA(灯头朝下)

分类号	产品名称	特点	代表视图
D3315； D3315A； D3315AA； D3315B； D3315C； D3315D	벽등	吊灯	D3315B D3315C D3315D
D3316； D3316A； D3316AA； D3316B； D3316C	벽등	吸顶灯	D3316A(矩形、扁、平面) D3316AA(近似矩形、曲面) D3316B(圆形、扁) D3316C(长形)

分类号	产品名称	特点	代表视图
D3317； D3317A； D3317B	벽등	壁灯	D3317(壁灯) D3317A(墙壁吊挂) D3317B(墙壁托起)
D3318	벽등	带插头的灯	
D3320； D3321	벽등、夜間燈	小夜灯类， 着重固定安装	D3320 D3321

分类号	产品名称	特点	代表视图
D3322； D3322K	夜間燈	夜间床头灯类（该分类号也可以搜索出 D3317）	 D3322
D3323	夜間燈	小夜灯	
D33291； D33290	개스등이나 전등 支持具	灯架	 D33291 D33290
D3331	多用途型 電氣스탠드	多用途灯具	

分类号	产品名称	特点	代表视图
D3332	마루에 놓는 照明器具	落地灯、台灯	
D33390	照明器具用 스탠드	灯具底座	
D33391	照明器具 用삿갓	灯罩装饰性比较强的灯罩	
D3920	散光器	散光网、散光器具配件等	
D334	家具부착용 照明器具等	家具上照明	
D3390	屋内用照明器具部品및附屬品	室内照明附件	

分类号	产品名称	特点	代表视图
D33910； D3914； D3921	屋内用照明器具用 루버，미늘창； 벽등；散光器의 網	灯具格栅类； 弧形托架、 支架； 散光格栅	 D33910 D3914 D3921
D3392	屋内用照明器具 用擴散透光板	透光板	
D34190	개스등, 전등 支持具	交通、路途、 人行道等灯具、 灯架	

分类号	产品名称	特点	代表视图
D34290	庭園燈等部品	庭院灯、路灯配件	
D3519；D3529	懷中電燈等部品 및 附屬品	灯具配件	
D361	裝飾用照明器具	主要用于装饰的灯	
D3620；D3621	映寫機나 사진기용 램프，撮影用 램프(후래쉬를 제외)	摄影、摄像、影视用灯	D3620 D3621

分类号	产品名称	特点	代表视图
D364	夜間燈	夜间照明灯	
D3650； D3651； D3652	의료목적용 램프(照明)	医疗用灯具、 卫生用灯	 D3651 D3652
D37191	車輛用 照明器具用 렌즈	车灯	
D3910	電球및 照明器具部品	灯具部件	

分类号	产品名称	特点	代表视图
D3911	사진기 및 映寫機用反射鏡	灯具反射板	
D3912	電球 램프의갓	灯罩材料	
D3913	照明器具用透光 렌즈	透光罩	
D3922	개스등이나 電燈支持具	灯具支撑架	
J755；J761	醫療目的用램프 (照明)	医疗用灯	J755 J761

三、美国

分类号	产品名称	特点	代表视图
D26083	Pendent lamp；Light fixture	吊灯；悬挂的灯；支架	
D26084	Chandelier	树枝形的装饰灯	
D26088	Suspended、Luminaire、Hanging	悬浮灯、泛光源、悬挂灯	
D26089	Lighting fixture、Ceiling	固定灯具、顶棚灯	
D26068	Garden light、Outdoor light fixture、Street light、Mosaic lamp	园林灯、景观灯、街灯、镶嵌灯	

分类号	产品名称	特点	代表视图
D26093	Solar energy lamp	太阳能灯、带摇臂的工作灯	
D26072	LED lamp、Solar powered outdoor light	LED 灯、工作灯、太阳能灯	
D26128	Desk lamp、Glass shade	桌灯、灯罩	
D26139	Tail lamp cover、Tail lamp cover、Taillight cover	尾灯、车辆灯壳	